DIE STÄRKE

Bibliographie der Weltliteratur

von

Prof. Dr. habil. Max Ulmann

Herausgegeben vom Institut für Ernährung
Potsdam-Rehbrücke
der Deutschen Akademie der Wissenschaften zu Berlin

LIEFERUNG 4

Hauptgruppe 3:
Technologie veränderter Stärken und Stärkeabbauprodukte

AKADEMIE-VERLAG · BERLIN

1967

Erschienen im Akademie-Verlag GmbH, 108 Berlin, Leipziger Straße 3—4

Lizenznummer: 202 · 100/583/67
Gesamtherstellung: VEB Druckerei „Thomas Müntzer", 582 Bad Langensalza
Bestellnummer: 3055/4 · ES 20 M 8, 1 E
15,—

Grundeinteilung der Stärkebibliographie

Hauptgruppen 0 bis 9

0. Allgemeines
1. Technologie der Kartoffelstärke
2. Technologie der Getreidestärken und sonstiger Stärkerohstoffe
3. Technologie veränderter Stärken und Stärkeabbauprodukte
4. Verwendungsgebiete der Stärke und Spezialstärkeprodukte
5. Analytische Bestimmung und Untersuchung der Stärke
6. Stärkederivate und spezielle Chemie der Stärke
7. Aufbau und Konstitution der Stärke
8. Kolloidchemie der Stärke und der Stärkelösungen
9. Enzymatische Arbeiten

Hauptgruppe 3

Technologie veränderter Stärken und Stärkeabbauprodukte

30. Allgemeines
    - 301. Stärkeprodukte, allgemein, Patente
    - 302. Abbauprodukte, allgemein, Patente
    - 303. Umwandlungsprodukte, allgemein, Patente

31. Geformte Produkte
    - 311. Sago und Tapioka
    - 312. Granulierte Stärke, Gries
    - 313. Flocken
    - 314. Blöcke, Tafeln, Strahlenstärke
    - 315. Sonstiges

32. Quellstärke
    - 321. Herstellung, Patente
    - 322. Untersuchung

33. Lösliche Stärke
    - 331. Fragen der Herstellung
    - 332. Patente
    - 333. Untersuchung, Prüfung

34. Amylose und Amylopektin
    - 341. Fraktionierung
    - 342. Amylose
    - 343. Amylopektin

35. Sonstige modifizierte Stärken
    - 351. Puddingmehl, Speisestärken
        - 3511. Fragen der Herstellung
        - 3512. Patente
        - 3513. Eigenschaften, Untersuchung
    - 352. Kleister und Pasten
    - 353. Gelatinierte Stärken, Gele
    - 354. Dickkochende und dünnkochende Stärken

355. Verschiedene Lösungen
356. Kristallstärke
357. Freifließende Stärkemehle
358. Wasserwiderstandsfähige Stärken
359. Verschiedenes

36. Dextrine
360. Allgemeines
361. Fragen der Herstellung
362. Patente
363. Eigenschaften, Untersuchung

37. Stärke-Hydrolyselösungen
370. Allgemeines
371. Hydrolyse von Stärke, Patente
372. Hydrolyse von stärkehaltigen Materialien, Patente
373. Kontinuierliche Hydrolyse von Stärke
374. Reinigung der Lösungen
3741. Reinigungsverfahren, allgemein
3742. Ionenaustauscher
3743. Aktivkohle
3744. Sonstige Reinigungsoperationen
375. Eigenschaften, Untersuchung

38. Stärkesirup
380. Allgemeines
381. Herstellung von Stärkesirup
3811. Fragen der Herstellung
3812. Patente
3813. Spezielle Maisstärkesirupe
3814. Spezielle Sirupe
382. Reinigung
383. Trockensirup
384. Eigenschaften
385. Untersuchung allgemein
386. Zusammensetzung der Kohlenhydrate
387. Beimengungen, Fremdstoffe

39. Dextrose (D-Glucose)
390. Allgemeines
391. Herstellung von Dextrose

Hauptgruppe 3: Technologie veränderter Stärken und Stärkeabbauprodukte

30. Allgemeines

301. Stärkeprodukte, allgemein, Patente

(Vgl. auch "Stärkederivate, Allgemeines": 60)

Stärkeprodukte. National Industrial Products Co. (Erfinder: Roscelli, G.A.). A.P. 3 097 969 vom 1/2.1960, ausg.16/7.1963. - Ref.C.A.(M.) 59. 8962c (1963), C. 1965. 41-2885, Ref.J.Chem. (russ.) 1965. 13 R370.

Stärkeprodukt und dessen Herstellungsmethode. Anheuser-Busch, Inc. (Erfinder: Curtin, R.L., Sowell, E.A. und Scallet, B.L.). A.P. 3 066 037 vom 2/7.1962, ausg.27/11.1962. - Ref.J.Chem. (russ.) 1964. 15 R355.

Behandlung von Stärke. A.E. Staley Manufg. Co. (Erfinder: Fredrickson, R.E.C.). E.P. 853 828 ausg.9/11.1960. - Ref.C.A. 55. 19288i (1961), C. 1962. 682.

Stärkeprodukt und dessen Herstellungsmethode. Anheuser-Busch, Inc. (Erfinder: Curtin, R.L., Sowell, E.A. und Scallet, B.L.). A.P. 3 066 036 vom 24/2.1959, ausg.27/11.1962. - Ref.J.Chem. (russ.) 1964. 15 R354.

Behandeln von Stärke. Duintjer Wilkens Meihuizen & Co. N.V., (Erfinder: Nieuwenhuyzen, L.J. van). F.P. 1136 059 vom 29/9.1955., ausg.9/5.1957. Holl.Prior. 29/9.1954. - Ref.C. 1961. 14126.

Herstellung von Stärkeprodukten. Scholten's Aardappelmeelfabrieken u.Soc. des Laboratories de Recherches pour Applications Industrielles (Solar) Frankreich. N.P. 78 421 vom 27/12.1947, ausg. 9/4.1951. - Ref.C. 1954. 7304.

Herstellung von Stärkeprodukten. Scholten's Chemische Fabrieken, N.V.W.A., N.P. 76 873 vom 8/5.1946, ausg.15/5.1950. Holl.Prior 18/8.1944. - Ref.C. 1951. II. 1369.

Stärkepräparat. Corn Products Refining Co., übert.von: R.W.Kerr. A.P. 2 468 207 vom 18/7.1945, ausg.26/4.1949. - Ref.C. 1949. E. 1643.

Verfahren zur Herstellung eines Stärkeproduktes aus Kartoffelstärke. Diamalt A.-G., München (Erfinder: Jülicher, W. u. Appelt, Otto). D.R.P. 762 216 Kl.89 k vom 11/7.1942, ausg. 6/3.1952.

Verfahren für die Herstellung eines Stärkeprodukts aus Kartoffelmehl. Diamalt A.G. Holl.P. 57 225 Kl.89 k vom 11/11.1941, veröff. 15/6.1944. D.Prior. vom 31/5.1940 und 17/10.1941.

Herstellung von Stärkeprodukten aus Kartoffelstärke. Diamalt A.G. D.R.P. 738 014 Kl.89 k vom 2/11.1941, ausg.3/8.1943. - Ref.C. 1944. I.65.

Herstellung eines Stärkeproduktes aus Kartoffelstärke. Diamalt A.G., München (Erfinder: Jülicher, W. u. Appelt, O.) D.R.P. 737916 Kl.89 k vom 18/10.1941, ausg.29/7.1943. - Ref.C. 1944. I. 65.

Herstellung eines Stärkeproduktes aus Kartoffelstärke. Diamalt A.G., München (Erfinder: Jülicher, W. u. Appelt, O.) D.R.P. 728 796 Kl.89 k vom 20/12.1941, ausg.3/12.1942. - Ref.C. 1943. I. 1114.

Herstellung eines Stärkeproduktes aus Kartoffelmehl. Diamalt A.G. Belg.P. 443 596 vom 3/12.1941, ausg.16/11.1942. D.Prior. 17/10. 1941. - Ref.C. 1943. II. 688.

Wachsartige Stärkeprodukte und Verfahren zu ihrer Herstellung. American Maize-Products Co. (Erfinder: Schopmeyer, H.H. u. Felton, G.E.). A.P. 2 354 838 vom 8/8.1940, ausg.1/8.1944.

Ein Stärkeprodukt und Verfahren zu seiner Herstellung. American Maize Products Co. (Erfinder: Schopmeyer, H.H. u. Felton, G.E.). A.P. 2 319 637 vom 2/8.1940, ausg.18/5.1943.

Verfahren zur Herstellung eines Stärkeproduktes aus Kartoffelstärke. Diamalt A.G. (Erfinder: Jülicher, W. u. Appelt, Otto). D.R.P. 713 454 Kl.89 k vom 1/6.1940, ausg.7/11.1941. Zus. zu D.R.P. 709 652. - Ref.C. 1942. I. 940.

Herstellung hochwertiger Stärkeerzeugnisse. Neubauer, H. D.R.P. 756 659 Kl.89 k vom 28/7.1940, ausg.4/11.1952. - Ref.C. 1950/54. 3605 S, Stärke 5. 18 (1953).

Verfahren für die Herstellung von Stärkeprodukten. W.A. Scholten's Chemische Fabrieken, N.V. (Erfinder: Möller, F.A.). Holl.P. 43 252 Kl.89 k vom 4/1.1936, ausg. 16/5.1938.

Herstellung von Stärkeprodukten. Sichel, Ferdinand. A.-G. (Erfinder: Möller, F.A.). D.R.P. 732 798 Kl.89 k vom 1/7.1936, ausg. 12/3.1943. - Ref.C. 1943. I. 2452.

Stärkeprodukt. Standard Brands Inc., übert.von: Stephen Jozsa, u. H.C. Gore. A.P. 1 947 295 vom 11/1.1930, ausg.13/2.1934. - Ref. C. 1934. II. 353.

Stärkeprodukte und ihre Herstellung. International Patents Development Comp. (Erfinder: Giesecke, F.O.). A.P. 1 979 257 vom 26/12.1928, ausg.6/11.1934. id. mit F.P. 676 181. - Ref.C. 1930. I. 2979.

Stärke. Penick & Ford, Ltd., Inc., übert.von: P.W. Allen. A.P. 1 554 699 vom 17/2.1919, ausg.22/9.1925. - Ref.C. 1926. I.1312.

Verfahren für die Herstellung von Stärkeprodukten. G.A. Buhl Co. (Erfinder: Stutzke, R.W.G.). A.P. 1 320 719 vom 19/8.1916, ausg.4/11.1919.

Darstellung von stärke- und zuckerhaltigen Substanzen. Cross, Ch.F. und Remington, J.St. F.P. 291 821 vom 17/8.1899.

302. Abbauprodukte, allgemein, Patente

Herstellung von Stärkeabbauprodukten. Röhm & Haas G.m.b.H. (Erfinder: Krebs, J.). D.A.S. 1 113 430 Kl.89 i vom 3/3.1960., ausg. 31/8.1961. - Ref.C. 1962. 4374, C.A. 562624 b (1962), C. 1965. 13-2943.

Stärkeabbauprodukte. Blattmann & Co. (Erfinder: Stärkle, M., und Meier, E.). A.P. 2 698 818 ausg.4/1.1955. - Ref.C.A. 49. 4314h (1955).

Abbau von Stärke und Stärkederivaten. Corn Products Refining Co. (Erfinder: Hobbs, K.C., Kerr, R.W. und Kite, F.E.). F.P. 1 107 931 vom 15/6.1954, ausg.6/1.1956. A.Prior. 31/12.1953. - Ref.C. 1959. 1294.

Verfahren zur Herstellung von Stärkeabbauprodukten. Blattmann & Co. (Erfinder: Stärkle, M. und Meier, E.). Schwed.P. 155 216 Kl.89 k vom 5/2.1951, ausg.10/7.1956. Schwz.Prior. vom 7/2. und 10/7. 1950, id. mit D.B.P. 886 280. - Ref.C. 1961. 13748.

Herstellung von Stärkeabbauprodukten. Blattmann & Co. D.B.P. 886 280 Kl.89 k vom 30/1.1951, ausg.13/8.1953. Schwz.Prior. 7/2. u. 10/7.1950. - Ref.C. 1953. 8228, Stärke 5. 301 (1953).

Verfahren zur Herstellung von Stärkeabbauprodukten. Blattmann & Co. (Erfinder: Stärkle, M., Meier, E. und Christoffel, C.). Schwz.P. 298 026 vom 10/7.1950, ausg. 16/6.1954. Zusatz zum Schwz.P. 259 428.

Herstellung von Stärkeabbauprodukten. Blattmann & Co. (Erfinder: Stärkle, M., Meier, E. und Christoffel, C.). Schwz.P. 289 246 vom 7/2.1950, ausg. 16/6.1953. Zusatz zum Schwz.P. 259 428. - Ref.C.A. 48. 6724 d (1954).

Abbauprodukte polymerer Derivate von Kohlenhydraten. Blattmann & Co. (Erfinder: M. Stärkle, Emil Meier und C. Christoffel). Schwz.P. 289 057 vom 7/2.1950, ausg.16/6.1953. - Ref.Stärke 6. 259 (1954), C.A. 48. 10366c (1954), C. 1954. 5926.

Stärkeabbauprodukte. Blattmann & Co. (Erfinder: M. Stärkle u. E. Meier). D.B.P. 860593 vom 30/11.1949, ausg.22/12.1952. Schwz. Prior. 4/4.1946 u.27/2.1947. - Ref.C. 1953. 5269.

Herstellung von Stärkeprodukten. Scholten's Aardappelmeelfabrieken, u.Soc.des Laboratories de Recherches pour Applications Industrielles (Solar). Finn.P. 24 672 vom 31/12.1947, Auszug veröff. 31/10.1950. F.Prior. 31/3.1942 u. 7/1.1944. Holl.Prior.6/11. 1943. - Ref.C. 1951. I. 1539.

Verfahren zur Herstellung von Stärkeabbauprodukten. Blattmann & Co. (Erfinder: Stärkle, M. und Meier, E.). Schwed.P. 142 432 Kl.89k vom 2/4.1947, ausg.6/10.1953. Schwz.Prior.vom 2/4.1946 und 8/1. 1947.

Verfahren zur Herstellung von Stärkeabbauprodukten. Blattmann & Co. Holl.P. 69 253 Kl.89k vom 2/4.1947, ausg. 15/1.1952. Schwz. Prior. vom 2/4.1946 und vom 8/1.1947.

Stärkeabbau. Blattmann & Co. Holl.P. 67 162 Kl.89k vom 3/4.1947, ausg.15/1.1951. Schwz.Prior.vom 27/2.1947.

Herstellung neuer Abbauprodukte von Stärke, die sich von den bekannten Dextrinen und löslichen Stärken unterscheiden. Blattmann & Co. F.P. 944 654 vom 2/4.1947, ausg.12/4.1949. Schwz. Prior. 2/4.1946 und 8/1.1947. - Ref.C. 1950. I. 2425.

Herstellung von Stärkeabbauprodukten. Blattmann & Co. Oe.P.163 660 vom 23/12.1947, ausg.25/7.1949. Schwz.Prior. 4/4.1946 und 27/2. 1947. - Ref.C. 1949. E. 1644.

Herstellung von Stärkeabbauprodukten. Blattmann & Co. Oe.P.163 657 vom 2/4.1947, ausg.25/7.1949. Schwz.Prior. 2/4.1946 und 8/1. 1947. - Ref.C. 1949. E. 1644

Verfahren zur Herstellung von Stärkeabbauprodukten. Blattmann & Co. (Erfinder: Stärkle, M., Meier, E.). Schwz.P. 264 191 vom 27/2. 1947, ausg.3/1.1950. Zusatz zum Schwz.P. 258 575.

Herstellung von Stärkeabbauprodukten. Blattmann & Co. (Erfinder: M. Stärkle und E. Meier). Schwz.P. 259 428 vom 8/1.1947, ausg. 16/6.1949. - Ref.C. 1949. E. 955, C.A. 51. 3168d (1957), C.A. 51. 4036e (1957).

Verfahren zur Herstellung von Stärkeabbauprodukten. Blattmann & Co. (Erfinder: Stärkle, M. und Meier, E.). Schwz.P. 258 575 Kl.32f vom 4/4.1946, ausg. 2/5.1949. - Ref.Stärke 2. 93, 306 (1950), C. 1949. E. 1644.

Stärkeabbauprodukte. Corn Products Refining Co., übert.von: R.W. Kerr, V.St.A. A.P. 2 503 053 vom 13/12.1945, ausg.4/4.1950. - Ref.C. 1952. 5989.

Verfahren für die Herstellung von Abbauprodukten von Stärke und Klebmitteln. Neumann, S. Holl.P. 61 831 Kl.89k vom 29/11.1945, ausg.15/10.1948. E.Prior. vom 28/6.1944 und 23/4.1945.

Herstellung von Stärkeabbauprodukten. Neumann, Salomon. F.P. 913 147 vom 6/8.1945, ausg. 29/8.1946. E.Prior. 28/6.1944, 23/4. und 31/5.1945. - Ref.C. 1946. I. 2163.

Verfahren zur Herstellung von löslicher Stärke, Dextrin und anderen Hydrolysenprodukten von Stärke. National Adhesives Corp. Holl.P. 36 480 Kl.89k vom 5/1.1932, ausg.16/9.1935. A.Prior. vom 5/1.1931.

Depolymerisationsprodukte von hochmolekularen Kohlenwasserstoffen. I.G. Farbenindustrie Akt.-Ges. E.P. 290 377 vom 15/2.1927, ausg. 14/6.1928. - Ref.C. 1928. II. 1818.

Verfahren zur Herstellung von Stärkeabbauprodukten. Haake, W. D.R.P. 547 421 Kl.89k vom 2/3.1926, ausg.30/3.1932. - Ref.C. 1932. I. 2907.

Gewinnung von Stärkeabbauprodukten. Forstmann, W. und Eisenhart-Rothe, G.v. D.B.P. 873 680 Kl.89k vom 22/2.1949, ausg.16/4. 1953. - Ref.C. 1953. 6162.

303. Umwandlungsprodukte, allgemein, Patente
(Auch modifizierte Stärken und veränderte Stärken)

Modifizierte Stärken und ihre Anwendung. 1. Mitt. Watanabe, D. und Hakano, S. J.Soc.org.synth.Chem., Japan 23. 452-62 (1965). - Ref.J.Chem.(russ.) 1966. 2 R369.

Modifizierte Stärke. Warwick Chemical (Yorkshire) Ltd. F.P. 1 365 831, ausg.3/7.1964., E.Prior. 16/8.1962. - Ref.C.A. 62. 7987e (1965).

Modifizierte Stärke und deren Anwendung. Ingenieria quim. (Mexico) 9. Nr. 101. 49-54 (1964). - Ref.J.Chem.(russ.) 1965. 24 R344.

Kontinuierliche Methode für die Modifizierung von Kohlenhydraten. Corn Products Co. (Erfinder: Opila, R.L. und Oleson, A.P.). A.P. 3 086 008 ausg.16/4.1963. - Ref.C.A. 59. 1829e (1963), C. 1965. 35-2907, Ref.J.Chem.(russ.) 1965. 11 R357.

Modifizierte Stärke. Kiohara, I. Food Ind. 6. Nr.17. 52-56 (1963). - Ref.J.Chem.(russ.) 1964. 19 R286.

Modifizierte Stärkeprodukte. A.E. Staley Manufg. Co. (Erfinder: Smith, C.E. und Tuschoff, J.V.). A.P. 3 069 410 ausg.18/12.1962. - Ref.C.A. 58. 5874d (1963), Ref.J.Chem.(russ.) 1964. 24 R316, C. 1965. 32-2927.

Chemisch modifizierte Stärke. A.E. Staley Manufg. Co. E.P.912 387 ausg.5/12.1962., A.Prior. 13/2.1959. - Ref.C.A. 58. 5875a (1963), C. 1965. 2-2935.

Modifizieren von Stärke. Penick & Ford Ltd., Inc. (Erfinder: Hjermstad, E.T.). E.P. 968 427 vom 16/7.1962, ausg.2/9.1964., id. mit A.P. 3 069 411. - Ref.C. 1965. 46-2990.

Modifizierte Stärke. A.E. Staley Manufg. Co. E.P. 869 501 ausg. 31/5.1961. - Ref.C.A. 55. 24062e (1961), C. 1963. 4563.

Modifizierte Stärke. A.E. Staley Mfg. Co. (Erfinder: Cushing, M.L. und Taylor, K.G.). F.P. 1 257 289 vom 20/4.1960., ausg.13/7. 1961. A.Prior. 23/4.1959., id. mit E.P. 879 849. - Ref.C. 1966. 4-3119.

Ein Verfahren zur Herstellung von modifizierten Polysacchariden. Tamchyna, J. Tschechosl.P. 96 724 ausg. 15/9.1960. - Ref.J. Chem.(russ.) 1962. 7 N330.

Modifizierte Maisstärken. Evans, J.W. Cereal Sci.to-day 3. 81-84 (1958). - Ref.C.A. 52. 96331 (1958), C. 1959. 11752.

Behandlung von pflanzlichen Polysacchariden. Hefti, H. It.P. 598 170 vom 23/5.1957. - Ref.C. 1966. 14-3102.

Umwandlungsprodukte höhermolekularer Kohlenhydrate. N.V. Eldeka (Erfinder: Dohmen, H.). Can.P. 568 535 vom 17/1.1955., ausg. 6/1.1959. Holl.Prior. 19/1.1954. - Ref.C. 1963. 2241.

Modifizierte Stärken. Saitama Starch Industry Ltd. Technical Section. J.technol.Soc.Starch (Japan) 3. 45-49 (1955).

Modifizierte Stärke. W.A. Scholten's Chemische Fabrieken N.V. Holl.P. 110 069 vom 16/11.1954., ausg.15/12.1964. - Ref.C.A. 62. 12008d (1965).

Herstellung von modifizierter Stärke. Wulkan, E. F.P. 1 059 987 vom 31/1.1950, ausg.22/9.1954. Zusatz P. zu F.P. 970 080; C. 1951. I. 2518. - Ref.C. 1950/54. 611 S.

Verfahren der Stärkemodifikation. Staley Mfg. Co. (Übert.von: Hansen, Donald, W.). Can.P. 506 337 vom 2/6.1950, ausg.5/10.1954. - Ref.J.Chem.(russ.) 1956. 2562.

Verfahren zur Modifizierung von Stärke mit Aluminiumchlorid und einem Enzym sowie Anwendungsgebiete für eine derart modifizierte Stärke. Corn Products Refining Co., übert. von: Kerr, R.W. A.P. 2 619 428 vom 1/3.1950, ausg.25/11.1952. - Ref.C. 1953. 8228, Stärke 5, 95 (1953), C.A. 47. 2523g (1953).

Modifiziertes Stärkeerzeugnis. Hart, Walter, H. A.P. 2 585 651 vom 2/3.1949, ausg.12/2.1952. - Ref.Stärke 4. 185 (1952), C.A. 46, 3782i (1952).

Verfahren zur Herstellung modifizierter Stärke. Wulkan, E. A.P. 2 581 741 vom 1/12.1948, ausg.8/1.1952. Engl.Prior.19/12.1947. - Ref.Stärke 4. 140 (1952), C.A. 46. 3306e (1952).

Verfahren für die Herstellung von modifizierter, nichtverkleisterter Stärke. National Starch Products, Inc. Holl.P. 74 358 Kl. 89k vom 12/12.1946, ausg.15/4.1954. A.Prior. vom 29/12.1945.

Verfahren zur Herstellung modifizierter Maisstärke. American Maize Products Co. (Erfinder: Daly, R.E., Frankenfield, F.A. und Schopmeyer, H.H.). A.P. 2 373 016 vom 25/3.1941, ausg.3/4.1945.

Modifizierte Stärke. National Starch Products, Inc. (Erfinder: Fuller, A.D.). A.P. 2 317 752 vom 30/10.1939, ausg.27/4.1943.

Herstellung von Stärkeumwandlungsprodukten. Singer, P.A. A.P. 2 175 486 vom 28/8.1937, ausg.10/10.1939. - Ref.C. 1940. I.2081.

In kaltem Wasser dispergierbare Stärkeumwandlungsprodukte. Stein, Hall & Co., Inc., übert.von: G.V. Caesar. A.P. 2 131 724 vom 26/8.1936, ausg.4/10.1938. - Ref.C. 1939. I. 1463.

Modifizierte Stärke. Distillers Co., Ltd., W.A. Davis u. P.D. Coppock. E.P. 442 757 vom 8/11.1934, ausg.12/ 3.1936. - Ref.C. 1936. I. 4510.

Herstellung von Stärkeumwandlungsprodukten. Standard Brands Inc., übert.von: J. Wachmann und G.B. Sippel. A.P. 1 916 872 vom 30/4.1931, ausg.4/7.1933. - Ref.C. 1933. II. 1796.

Herstellung von Umwandlungsprodukten aus Polysacchariden. I.G.Farbenindustrie Akt.-Ges. (Erfinder: K.H.H.P. Fredenhagen u. H.G. Helfrich). Schwed.P. 70 253 vom 14/3.1928, ausg.16/9.1930; D.Prior.14/3.1927. - Ref.C. 1932. II. 1990.

Herstellung von Stärkeumwandlungsprodukten aus Malz und Cerealien. Singer, Ph.A. und Perlstein, H. A.P. 1 548 637 vom 4/6.1923, ausg.4/8.1925. - Ref.C. 1926. I. 520.

Stärkeumwandlungsprodukte. Stein-Hall Manufacturing Co. (Erfinder: Alexander, A.E.). E.P. 198 009 vom 14/2.1922, ausg.18/7.1923. - Ref.C. 1923. IV. 888.

Verfahren zur Herstellung von Stärkeumwandlungsprodukten. Stein-Hall Manufacturing Co. (Erfinder: Bright, R.E.). A.P.1 411 204 vom 17/12.1921, ausg.28/3.1922. - Ref.C. 1922. IV. 171.

Stärkeumwandlungsprodukt. Stein-Hall Manufacturing Co. (Erfinder: Bright, R.E.). A.P. 1 411 203 vom 7/2.1921, ausg.28/3.1922. - Ref.C. 1922. IV. 170.

Verfahren zur elektrolytischen Umwandlung von Stärke. Perkins Glue Co. E.P. 172 145 vom 10/9.1920, ausg.29/12.1921. - Ref.C. 1922. II. 644.

Verfahren zur elektrolytischen Umwandlung von Stärke. Perkins Glue Co. F.P. 525 462 vom 1/10.1920, ausg.22/9.1921. - Ref.C. 1921. IV. 1331.

Verfahren zur Umwandlung von Stärke. Harvey, E.H., übert.an: Perkins Glue Co. A.P. 1 366 653 vom 13/5.1920, ausg.25/1.1921. - Ref.C. 1921. II. 609.

Modifizierte Stärken. Posselt's Textile J. 21. 5 (1917). - W.Ref. 2519.

Modifizierte Stärke. Herstein, B. 8. Int.Congr.appl.Chem., Washington and New York, Orig.Commun. 13. 177-181 (1912). - W.Ref. 1158, C.A. 6. 3035 (1912).

Stärkematerial. Farbenfabriken Elberfeld Co. (Erfinder: Kantorowic, J.). A.P. 785 216 vom 8/4.1904, ausg.21/3.1905.

Über die durch MM. Siemens und Halske erhaltenen modifizierten Stärken. Schäffer,G. und Scheurer, O. Bull.Soc.ind.Mulhouse 63. 363-366 (1893). - W.Ref. 1019.

31. Geformte Produkte

311. Sago und Tapioka
312. Granulierte Stärke, Grieß
313. Flocken
314. Blöcke, Tafeln, Strahlenstärke
315. Sonstiges

311. Sago und Tapioka

(Vgl. auch "Sagostärke": 292)

Ein technologisches Schema zur Herstellung von Kartoffelstärkesago auf kontinuierlichem Wege. Denissowa, G.I. und Turetzewitsch, L.F. Zucker-Ind.(russ.) 1962. Nr.10. 66-70. - Ref.J.Chem. (russ.) 1963. 6 R284.

Erhöhung der Produktion von Sago. Ssinelnikow, I.D. Zucker-Ind. (russ.) 34. Nr.4 63-66 (1960). - Ref.J.Chem.(russ.) 1960. 94198, C. 1961. 687, Stärke 13. 149 (1961).

Sago. Subrahmanyan, V., Rao, M.N. Narayana, S.M. Sci.and Cult. 25. 343-48 (1959). - Ref.J.Chem.(russ.) 1960. 90304, C. 1961. 8869.

Über Sago. Nowak, A. Stärke 8. 13-15 (1956).

Schwankungen in der chemischen Zusammensetzung von Sago aus Tapioka-Stärke und Spezifikationsvorschläge. Subrahmanyan, V., Rao, G.R.M.,N. Rao und Swaminathan, M. Bull.centr.Food technol. Res.Inst., Mysore 5. 77-88 (1956). - Ref.C.A. 50. 12517b (1956), C. 1958. 5532.

Tapiokaähnliches Stärkeprodukt. Scholten's Aardappelmeelfabrieken und Soc. des laboratories de recherches pour applications industrielles "Solar". N.P. 73 802 vom 15/12.1953. - Ref.Stärke 6. 259 (1954), C.A. 48. 8444e (1954).

Kochfestes Kartoffelstärkeprodukt. Hoffmann's Stärkefabriken A.G. Belg.P. 452 887 vom 27/10.1943, Auszug veröff.6/6.1944. D. Prior. 23/12.1938. - Ref.C. 1945. I. 109.

Wachs-Stärkekörner. American Maize-Products Comp. (Erfinder: Schopmeyer, H.H.). A.P. 2 431 512 vom 31/3.1943, ausg. 25/11. 1947.

Formen von Stärke. Gesellschaft für Stärkeveredlung m.b.H. (Erfinder: Schorn, H.). D.R.P. 718 606 Kl. 53k vom 16/4.1939, ausg. 16/3.1942. - Ref.C. 1942. II. 111.

Verfahren für die kontinuierliche Herstellung von Perl-Tapioka und ähnl. Stärkeprodukten. Poek, J. Holl.P. 47 486 Kl. 89k vom 6/3.1934, ausg. 15/1.1940.

Herstellung von Stärke, insbesondere Kartoffelstärke für künstlichen Sago, Tapioka und für feine Nudeln. Kozlowski, W. Poln.P. 12 715 vom 5/3.1930, ausg. 10/1.1931. - Ref.C. 1932. I. 2521.

Fabrikation des Sago aus Kartoffelstärke bei 3000 kg Sagoherstellung in 24 Stunden. Z.Spiritusind. 52. 375 (1929).

Die Bereitung des Kartoffel-Sago's. Siemens. Dingler's polytechn. J. 172. 232-233 (1864). - W.Ref. 2190.

312. Granulierte Stärke, Grieß

Granulierte Stärke. Corn Products Co. (Erfinder: Kott, A. und Olson, H.M.). A.P. 3 119 719 vom 2/12.1959., ausg.28/1.1964. - Ref.J.Chem.(russ.) 1965. 15 R292.

Herstellung von gekörnter Stärke. A.E. Staley Mfg. Co. (Erfinder: Smith, C.E.). Can.P. 646 696 vom 30/4.1959., ausg.14/8.1962. - Ref.C. 1965. 39-2951.

Herstellung grießförmiger Stärke. A.E. Staley Mfg. Co., übert.von: Schwandt, W.H. A.P. 2 929 748 vom 24/2.1958., ausg.22/3.1960. - Ref.C. 1961. 12670.

"Synthetischer Reis". Subrahmanyan, V. Stärke 6. 131-133 (1954).

Herstellung von staubfreiem Grieß aus Stärke. Corn Products Refining Co., übert.von: Lauterbach, W.J. A.P. 2 178 235 vom 17/6. 1937, ausg.31/10.1939. - Ref.C. 1942. I. 2204.

Gewinnung von granulierter und staubfreier Maisstärke. International Patents Development Co. F.P. 838 345 vom 23/5.1938, ausg.2/3.1939. A.Prior. 17/6.1937. - Ref.C. 1939. II. 252.

Stärke in Perl- oder Pulverform. Lousville Drying Machine Co., Inc., übert.von: J. Credo. A.P. 2 090 187 vom 26/8.1935, ausg. 17/8.1937. - Ref.C. 1937. II. 4122.

Verfahren zur Überführung von pulver-, klumpen- oder teigförmiger Stärke, stärkehaltigen Stoffen, Mehl oder dgl. in Körnerform. Anderson, A.P. D.R.P. 281 715 Kl. 89k vom 18/8.1912, ausg. 27/1.1915. - Ref.C. 1915. I. 340.

313. Flocken

Verfahren zur Herstellung von Süßflocken. Starke, A., Hamburg. Dtsch.Patentauslegg. Stammanmeldung 53K 2/01p 143D, angem. 1/10.48. mit franz.Prior.v.4/2.47. u.Zusatzmeldung 53K. 2/01p 16 086D, angem.1/10.48. mit franz.Prior.v.14/2.47., beide ausgel.11/1.51. - Ref.Stärke 3. 68. (1951).

Stärkepräparat in Flockenform. Scholten's Chemische Fabrieken. F.P. 874 453 vom 24/7.1941, ausg.7/8.1942. Holl.Prior. 15/8. u. 3/12.1940. Holl.P. 53 346 vom 3/12.1940, ausg.15/10.1942. - Ref.C. 1943. I. 345.

Herstellung von Flocken aus Kartoffel-, Sago- oder Tapiokamehl. Scholten's Chemische Fabrieken. Holl.P. 52 875 vom 15/8.1940, ausg.15/7.1942. - Ref.C. 1942. II. 2749.

Flockenstärke. Corn Products Refining Co. D.R.P. 707 700 Kl. 89k vom 14/5.1936, ausg.1/7.1941. A.Prior. 13/6.1935. Zus.zu A.P. 2 168 524. C. 1940. I. 1764.

Gewinnung von Stärke in staubfreier Flockenform. Corn Products Refining Co., übert.von: A.C. Horesi. A.P. 2 168 524 vom 13/6. 1935, ausg.8/8.1939. - Ref.C. 1940. I. 1763.

Flockenstärke. International Patents Development Co., übert.von: F.L. Jefferies. A.P. 2 098 293 vom 18/7.1934, ausg.9/11.1937. - Ref.C. 1938. I. 1681.

314. Blöcke, Tafeln, Strahlenstärke

Herstellung von Blättern und Tafeln aus Stärke, Stärkeverbindungen oder -derivaten, z. B. chlorierter Stärke, Dextrin, lösl.Stärke oder Stärkepasten. Moufang, F. E.P. 513 271 vom 30.3.1938, ausg.2/11.1939. - Ref.C. 1941. I. 2050.

Herstellung von Stückenstärke. Staley Mfg. Co., A.E., übert.von: H. File. E.P. 481 500 vom 11/6.1936, ausg.7/4.1938. - Ref.C. 1938. II. 610.

Stückenstärke und Verfahren zur Herstellung derselben. Staley Mfg. Co. (Erfinder: File, H.). A.P. 2 129 919 vom 8/7.1935, ausg. 13/9.1938. id.mit E.P. 481 500.

Verfahren zur Herstellung von Stärke in feinstrahliger Form. Harburger Stärkefabrik Friedr. Thörl. D.R.P. 234 421 Kl. 89k vom 23/6.1909, ausg.10/5.1911. Zus.zu D.R.P. 205 763.

Apparat zum Formen und Entwässern von Stärke oder anderen breiigen Massen mittels Preßluft. Drumm, C. D.R.P. 217 335 Kl. 89k vom 27/10.1908, ausg.28/12.1909.

Verfahren zur Herstellung von Stärke aus Körnerfrüchten in Stücken oder Strahlen. Harburger Stärkefabrik Friedrich Thörl. D.R.P. 205 763 Kl. 89k vom 9/3.1907, ausg.20/1.1909.

Neuerung beim Pressen von Stärketafeln und -würfeln. Oppel, R. D.R.P. 109 200 Kl. 8k vom 23/2.1899, ausg.8/2.1900. - Ref.C. 1900. II. 1150.

Maschinen zum Schaben von Stärkeblöcken. Uhland, W.H. D.R.P. 95 970 Kl. 89k vom 8/5.1897, ausg.26/1.1898.

Ausstoßvorrichtung für Stärkeblöcke. Uhland, W.H. D.R.P. 40 922 Kl. 89k vom 9/12.1886, ausg. 1/10.1887. Zusatz zu D.R.P.32 256 vom 19/10.1884.

Neuerung an dem unter Nr. 26 521 patentierten Apparat zur Herstellung reotangulärer Stärke- oder Hefekuchen, sowie würfelförmiger Stärke- und Hefeblöcke mittelst comprimierter Luft. Uhland, W.H. D.R.P. 32 256 Kl.89k vom 19/10.1884, ausg.17/8.1885.

Apparat zur Herstellung reotangulärer Stärke- oder Hefekuchen, sowie würfelförmiger Stärke- und Hefeblöcke mittelst comprimierter Luft. Uhland, W.H. und Machovsky, V. D.R.P. 26 521 Kl. 89k vom 1/5.1883, ausg.8/4.1884.

Einrichtung um mittelst der Centrifuge trockene Stärkeblöcke von bestimmter Form herzustellen. Rudolph, G. & Co. D.R.P. 18 712 Kl. 82b vom 18/11.1881, ausg.13/7.1882.

Einrichtung an Schleudertrommeln, wodurch bei Entwässerung der Stärke letztere in fertigen Faconstücken erzielt wird. Calow, Th. u.Co. D.R.P. 3854 Kl. 89k vom 5/3.1878, ausg.11/2.1879.

Nutsch-Apparat für nasse Stärke und für andere Gemenge von festen und flüssigen Stoffen zur Bildung fester Brode nebst Auslösevorrichtung für letztere. Fesca, A. und Chiozza, L. D.R.P. 528 Kl. 89k vom 31/7.1877.

315. Sonstiges

Herstellung eines Stärkeproduktes aus Weizenmehl. Amthor, G. D.R.P. 661 953 Kl. 89k vom 21/4.1936, ausg.30/6.1938. - Ref.C. 1938. II. 2359.

Verfahren und Vorrichtung zur Herstellung eines gepufften Erzeugnisses aus stärke- und feuchtigkeitshaltigem Material. Anderson Puffed Rice Co. D.R.P. 544 032 Kl. 53k vom 1/9.1928, ausg.15/2. 1932. A.Prior. 8/11.1927.

Verfahren zur Vergrößerung des Umfanges der Porosität von Getreidekörnern, Stärke und stärkehaltigen Materialien durch Aufblähen unter Erhitzung. Anderson, A.P. D.R.P. 168 494 Kl. 89k vom 13/6.1902, ausg.12/3.1906. - Ref.C. 1906. II. 1514.

Verfahren zur Herstellung von Stärke, Stärkemehl und Dextrin in zusammengeballtem Zustande. Vidal, C. D.R.P. 6969 Kl. 89k vom 13/4.1879, ausg.25/8.1879.

32. Quellstärke

321. Herstellung, Patente
322. Untersuchung

321. Herstellung, Patente

(Vgl. auch "Puddingmehl": 351, "Pudding, Nachspeisen": 4124, "Quellstärke": 831, "Stärkekorn, Quellung": 7154)

Kaltquellende Stärkeprodukte. Boehringer Ingelheim G.m.b.H. E.P. 983 206 ausg. 10/2.1965., D.Prior. 14/8.1962. - Ref.C.A. 62. 10656d (1965).

Herstellung von Quellstärke. Schierbaum, F. D.P. (DDR) 38076 Kl. 53k vom 29/6.1964., ausg.15/4.1965 (Wirtschaftspatent). - Ref.C. 1966. 13-3090, Stärke 18. 158 (1966), C.A. 63. 12239a (1966).

Ein Verfahren zur Gewinnung von nichtschimmelnder Quellstärke. Kolessnikowa, T.I. und Maksimtschik, Je.K. UdSSR.P. 161 673 vom 25/1.1963., ausg.19/3.1964. - Ref.J.Chem.(russ.) 1965. 3 R310.

Kontinuierliches Herstellen von enzymatisch abgebauten Quellstärken und Quellmehlen. Hoffmanns Stärkefabriken Akt.-Ges. (Erfinder: Schmidt, M.). D.A.S. 1 158 460 Kl. 89k vom 14/2.1962., ausg.28/11.1963. - Ref.C. 1964. 39-2599, Stärke 17. 203 (1965).

Kaltquellende Stärkeprodukte. Scholten's Chemische Fabriken, N.V.W.A. (Lolkema, J. und Moes, G.). A.P. 2 853 484 vom 23/9. 1958. - Ref.C.A. 53. 1797c (1959), C. 1961. 13747.

Herstellung von kaltquellendem Stärkemehl. Fa. Dr. August Oetker. Belg.P. 567 671 vom 14/5.1958., ausg.12/8.1960. D.Prior. 14/5. 1957. - Ref.C. 1961. 13394.

Herstellung von in kaltem Wasser quellbarer Stärke. O.J. Meijer's Fabrieken voor Verpakte Artikelen N.V. Schwz.P. 376 868 vom 19/8.1957., ausg.30/5.1964. Holl.Prior. 31/8.1956., id.mit D.A.S. 1 089 340. - Ref.C. 1965. 2-2934.

Kaltquellende Stärkeprodukte. Scholten's Chemische Fabrieken, N.V. W.A. E.P. 787 153 ausg. 4/12.1957. - Ref.C.A. 52. 7750d (1958), C.1961. 13747.

Herstellung kaltquellbarer Stärkeprodukte. O.J. Meijer's Fabrieken voor verpackte Artikelen N.V. D.A.S. 1 089 340 Kl. 89k vom 1/7. 1957, ausg.15/9.1960. Holl.Prior. 31/8.1956. id.mit F.P. 1 175 961. Schwz.P. 376 868 u. E.P. 863 575. - Ref.C. 1961. 5635, C.A. 55. 24062g (1961).

Herstellung in kaltem Wasser quellender oder löslicher Stärke. Meijer's, O.J., Fabrieken voor Verpakte Artikelen N.V. Belg.P. 558 029 vom 1/6.1957, ausg.25/3.1960. Holl.Prior. 3/10.1956, id.mit Schwz.P. 380 676 u. D.A.S. 1 093 299. - Ref.C. 1961. 329.

Herstellung in kaltem Wasser quellender oder löslicher Stärke. Meijer's, O.J., Fabrieken voor Verpakte Artikelen N.V. Belg.P. 558 028 vom 1/6.1957, ausg.25/3.1960. Holl.Prior. 31/8.1956, id.mit E.P. 863 575. - Ref.C. 1961. 329.

Verfahren zur mechanischen Aufschließung einer in kaltem Wasser quellfähigen Stärke. Meijer's Fabrieken voor Verpakte Artikelen, O.J., N.V. E.P. 863 575 vom 29/3.1957, ausg.22/3.1961. Holl. Prior. vom 31/8.1956, id.mit Belg.P. 558 028.

Quellbare Stärkederivate. O.J. Meijer's Fabrieken voor verpakte Artikelen N.V. E.P. 863 574 vom 29/3.1957., ausg.22/3.1961. Holl.Prior. 3/10.1956. - Ref.C. 1962. 15061.

In Wasser quellende Stärkederivate. O.J. Meijer's Fabrieken voor verpakte Artikelen N.V. F.P. 1 175 962 vom 12/6.1957., ausg. 3/4.1959. Holl.Prior. 3/10.1956., id.mit D.A.S. 1 093 299. - Ref.C. 1962. 8452.

Herstellung von in kaltem Wasser quellender Stärke auf mechanischem Wege. O.J. Meijer's Fabrieken voor verpakte Artikelen N.V. F.P. 1 175 961 vom 12/6.1957., ausg.3/4.1959. Holl.Prior. 31/8. 1956., id.mit D.A.S. 1 089 340. - Ref.C. 1962. 8452.

Quellungs-, Gelierungs- und Dispergiermittel. National Lead Co. F.P. 1 246 138 vom 3/9.1957., ausg.3/2.1961. - Ref.C. 1963. 1391.

Verfahren zur Herstellung eines kaltquellenden Stärkemehles für Puddingspeisen. Oetker, A. D.A.S. 1 058 350 Kl. 53k 2/20 vom 14/5.1957, ausg.27/5.1959. - Ref.Stärke 11. 309 (1959).

Kaltquellendes Stärkeprodukt. Anheuser-Busch, Inc., übert.von: Sowell, E.A., Curtin, R.L., Hall, B.A. und Scallet, B.L. A.P. 2 897 086 vom 15/2.1957, ausg.28/7.1959. - Ref.J.Chem. (russ.) 1960. 82661, C. 1960. 11848, Stärke 13. 382 (1961).

Herstellung von Quellstärke. Deutsche Maizena Werke G.m.b.H. (Erfinder: Graefe, G.). D.A.S. 1 109 500 Kl. 53k vom 17/1.1957., ausg. 22/6.1961. - Ref.C. 1962. 682, C.A. 56. 5008g (1962), Stärke 14. 295 (1962).

Herstellung eines kaltwassersuspendierbaren Stärkegrießes. Staley, A.E., Mfg. Co., übert.von: Smith, C.E. A.P. 2 907 685 vom 24/5.1956, ausg.6/10.1959. - Ref.C. 1961. 1040.

Herstellung kaltquellender Stärkeprodukte. N.V.W.A. Scholten's Chemische Fabrieken (Erfinder: Lolkema, J. und Moes, G.). Schwz.P. 370 729 vom 12/11.1955., ausg.30/8.1963. Niederl. Prior. 16/11.1954., id.mit F.P. 1 138 924. - Ref.C. 1964. 20 - 2789.

Herstellung einer teilweise im kalten Wasser quellenden Stärke. N.V.W.A. Scholten's Chemische Fabrieken (Erfinder: Beersma, P.J.A. und Moes, G.). A.P. 2 967 110 vom 14/11.1955., ausg.3/1. 1961., Holl.Prior. 16/11.1954., id.mit E.P. 816 049. -Ref.C. 1962. 3294, Stärke 14. 382 (1962).

Herstellung trockener, in kaltem Wasser dispergierbarer Stärkeprodukte. N.V.W.A. Scholten's Chemische Fabrieken (Erfinder: Beersma, P.J.A. und Moes, G.). Schwz.P. 349 559 vom 12/11.1955, ausg.30/11.1960. Holl.Prior. 16/11.1954. - Ref.C. 1962. 1842.

Quellstärkepräparat. Sichel-Werke A.-G. D.B.P. 967 880 Kl. 89k vom 4/5.1952, ausg.27/12.1957. - Ref.C. 1958. 7938, Stärke 10. 45 (1958), C.A. 53. 14560d (1959).

Verfahren zur Herstellung kaltquellender Stärke. Meincke, A.M. & Sohn, Inc., übert.von: Yarber, C.J. A.P. 2 590 912 vom 28/9. 1949, ausg.1/4.1952. - Ref.Stärke 4. 227 (1952), C. 1953. 1739, C.A. 46. 5873d (1952).

Herstellung kaltquellbarer Stärke. Vaihinger, Karl. D.B.P.837 980 Kl. 89k vom 2/10.1948, ausg.9/2.1956. - Ref.C. 1956. 13570.

Verfahren zur Herstellung kaltquellender Stärke. Vaihinger, K. D.P. 8467 Kl. 89k vom 1/10.1948, ausg.16/8.1951

Verfahren zur Herstellung einer in kaltem Wasser dispergierbaren trockenen Stärke. Corn Products Refining Co. Holl.P. 73 183 Kl. 89k vom 30/9.1948, ausg.15/9.1953. A.Prior. vom 21/5.1948.

Kaltquellende Stärke. Scholten's Chemische Fabrieken, übert.von: J. Lolkema u. W.A. van der Meer. A.P. 2 583 268 vom 19/3.1948, ausg.22/1.1952. Holl.Prior.25/3.1947. - Ref.C. 1953. 9340, Stärke 4. 209 (1952), C.A. 46. 3784a (1952).

Herstellung eines gelatinierten Stärkeabbauproduktes. Corn Products Refining Co. Schweiz.P. 258 830 vom 8/6.1947, ausg. 16/5.1949. A.Prior. vom 14/9.1938. - Ref.Stärke 2. 93 (1950).

Verfahren zur Herstellung von Quellstärkeprodukten, die ein Phenol und ein Aldehyd oder Kondensationsprodukte daraus enthalten. W.A. Scholten's Chemische Fabrieken, N.V. (Erfinder: van der Meer, W.A. und Lolkema, J.). Holl.P. 67 471 Kl. 89k vom 25/3. 1947, ausg.15/3.1951. - Ref.Stärke 4. 29 (1952).

Verfahren zur Herstellung eines in kaltem Wasser quellenden Stärkepräparates. W.A. Scholten's Chemische Fabrieken N.V. (Erfinder: Lolkema, J. und van der Meer, W.). Schwed.P. 137 199 Kl. 89k vom 21/5.1946, ausg.2/9.1952. Holl.Prior. vom 18./6.1945.

Herstellung von in kaltem Wasser quellbarer Stärke. Staley, A.E., Mfg. Co., übert.von: D.W. Hansen, L.O. Gill u. J.H. Wrightman. A.P. 2 464 081 vom 8/3.1946, ausg.8/3.1949. - Ref.C. 1949. E. 809.

Verfahren zur Herstellung eines Quellstärkepräparates. W.A. Scholten's Chemische Fabrieken N.V. (Erfinder: Lolkema, J. und van der Meer, W.A.). Schwed.P. 121 890 Kl. 89k vom 23/10.1944, ausg. 1/6.1948. Holl.Prior. vom 22/10.1945.

Verfahren zur Herstellung von Aminotriazin enthaltenden Quellstärkeprodukten. W.A. Scholten's Chemische Fabrieken, N.V. (Erfinder: Lolkema, J. und van der Meer, W.A.). Holl.P. 67 265 Kl.89k vom 18/8.1944, ausg.15/1.1951.

Herstellung von quellbarer Stärke aus Tapiokastärke, süßer Kartoffelstärke oder anderen Knollenstärken. Corn Products Refining Co., übert.von: Kerr, R.W. u. Schink, N.F. A.P. 2 438 855 vom 25/2.1942, ausg.30/3.1948. - Ref.C. 1949. I. 141.

Stärke. Scholten's Chemische Fabrieken, N.V.W.A. E.P. 621 792 vom 25/4.1941, ausg.10/1.1946.

Herstellen von trockener Quellstärke. Gesellschaft für Stärke-Veredlung m.b.H. (Erfinder: Schor, H.). D.R.P. 715 404 Kl. 89k vom 17/11.1940, ausg.23/12.1941. - Ref.C. 1942. I. 2075.

Herstellung eines Stärkeproduktes. Deutsche Maizena G.m.b.H. It.P. 382 012 vom 14/11.1939. D.Prior. 1/12.1938. - Ref.C. 1942. I. 2833.

Verfahrensweise und Anordnung für die Auflösung von festen Substanzen in Flüssigkeiten. W.A. Scholten's Chemische Fabrieken N.V. (Erfinder: Möller, F.A.). Schwed.P. 99 820 Kl. 89k vom 17/9.1938, ausg.10/9.1940. Holl.Prior.28/9.1937.

Herstellung einer kurzbindenden Quellstärke aus Kartoffeln. Firma Theodor Schlüter sen., Dresden. D.R.P. 158 155 Kl. 89b vom 13/5.1938, ausg.11/3.1940. - Ref.C. 1940. II. 699.

Herstellung einer Quellstärke. Gesellschaft für Stärke-Veredlung m.b.H. (Erfinder: Schorn, H.). D.R.P. 695 118 Kl. 89k vom 4/5. 1937, ausg.16/8.1940. - Ref.C. 1940. II. 2400.

Herstellung von nichtklumpenbildender Quellstärke. Sichel AG. (Erfinder: Möller, F.A.). D.R.P. 704 718 Kl. 89k vom 1/7.1936, ausg.5/4.1941. - Ref.C. 1941. II. 125.

Herstellung von in kaltem Wasser ohne Klumpenbildung quellbarer Stärke. Daumas, C.V. F.P. 806 123 vom 8/5.1936, ausg.8/12.1936. D.Prior. 9/5.1935. - Ref.C. 1937. I. 2693.

Herstellung eines trockenpulverförmigen Quellstärkeproduktes. Sichel A.-G. (Erfinder: Möller, F.A.). D.R.P. 737 568 Kl. 89k vom 28/11.1936, ausg. 27/7.1943. Holl.Prior.26/10.1936. - Ref. C. 1944. I. 65.

Herstellung von trockener Quellstärke. Gesellschaft für Stärke-Veredlung m.b.H. (Erfinder: Schorn, H.). D.R.P. 710 901 Kl.89k vom 25/11.1936, ausg.23/9.1941. - Ref.C. 1941. II. 3131.

Herstellung von Quellstärke. Agratherm, N.V. (Erfinder: C.V. Daumas). Schwed.P. 94 406 Kl. 89k vom 8/5.1936, ausg.26/1.1939. D.Prior. vom 9/5.1939. - Ref.C. 1939. II. 4387.

Verfahren zur Herstellung eines homogenen Aufschlusses von Kartoffelstärke von der Klebkraft und Ergiebigkeit der Quellstärke. Ringenbach, E. Schwz.P. 190 145 Kl. 32f vom 4/2.1936, ausg. 16/6.1937. F.Prior. vom 5/2.1935, id.mit F.P. 789 811.

In kaltem Wasser quellbare Stärke. Scholten's Chemische Fabrieken N.V.W.A. F.P. 811 598 vom 5/10.1936, ausg.17/4.1937. Holl. Prior. 7/10.1935. - Ref.C. 1937. II. 1278.

Herstellung von Quellstärke, die beim Anrühren mit Wasser keine Klumpen bildet. W.A. Scholten's Chemische Fabrieken, N.V. (Erfinder: Möller, F.A.). Holl.P. 44 353 Kl. 89k vom 7/10.1935, ausg.5/11.1938.

Verbesserung der Eigenschaften von Quellstärke. Henkel & Cie. G.m.b.H. (Erfinder: R. Köhler). D.R.P. 663 022 Kl. 89k vom 3/7. 1935, ausg.27/7.1938. - Ref.C. 1938. II. 2855.

Herstellung von Quellstärkekleister. Stern, E. E.P. 447 810 vom 17/6.1935, ausg.25/6.1936. - Ref.C. 1936. II. 2032.

Verbesserung der Eigenschaften von Quellstärken und Quellstärkepräparaten. Henkel & Cie. G.m.b.H. (Erfinder: W. Hentrich u. R. Köhler). D.R.P. 644 027 Kl. 89k vom 7/7.1934, ausg.22/4.1937. - Ref.C. 1937. II. 1278.

Herstellung von in kaltem Wasser klumpenfrei quellbaren Stärken oder Tierleimen. Henkel & Cie. G.m.b.H. D.R.P. 606 429 Kl.89k vom 19/2.1934, ausg.1/12.1934. - Ref.C. 1935. I. 2481.

Behandlung von Stärke. Deutsche Hydrierwerke A.-G. E.P. 409 627 vom 13/12.1933, ausg.24/5.1934. D.Prior. 15/12.1932. - Ref.C. 1934. II. 2760.

Verfahren zur Herstellung von verbesserten, in kaltem Wasser löslichen, resp. quellbaren Stärkeprodukten. Chemische Fabriek "Servo" und Rozenbroek, M.D. Holl.P. 44 754 Kl. 89k vom 23/10. 1933, ausg.16/1.1939.

Herstellung von Quellstärke. Krutzsch, W.C.G. D.R.P. 631 722 Kl. 89k vom 4/3.1933, ausg.26/6.1936. - Ref.C. 1936. II. 1452.

Herstellung von in kaltem Wasser quellbarer Stärke. Metallgesellschaft Akt.-Ges. F.P. 730 154 vom 19/1.1932, ausg.8/8.1932. - Ref.C. 1933. I. 326.

Herstellung von in kaltem Wasser quellbarer und gelatinierbarer Trockenstärke. American Lurgi Corp., übert.von: W. Maier. A.P. 1 901 109 vom 22/1.1932, ausg.14/3.1933. D.Prior.13/1.1928. - Ref.C. 1933. I. 3508.

Herstellung von in kaltem Wasser quellbarer Stärke. Metallgesellschaft Akt.-Ges. E.P. 383 786 vom 8/1.1932, ausg.15/12.1932. - Ref.C. 1933. I. 1534.

Verhinderung der Klumpenbildung bei der Herstellung wässriger Zubereitungen wasserquellbarer, feinpulveriger, organischer Stoffe, z. B. von Stärkepräparaten usw. Henkel & Cie. G.m.b.H. (Erfinder: R.G. Schulz). D.B.P. 945 988 Kl. 12s vom 27/8.1931, ausg.19/7.1956. - Ref.Stärke 9. 13 (1957).

Verbesserung der Eigenschaften pulverförmiger, in kaltem Wasser quellender Stärkepräparate mit Ausnahme von Dextrinen. Henkel & Cie. G.m.b.H. D.B.P. 907 040 Kl. 89k vom 3/5.1931, ausg.18/3.1954. - Ref.C. 1954. 5192, Stärke 6. 112, 172 (1954).

Verfahren zur Herstellung von Quellstärke. Akt.-Ges. für Chemische Industrie, Fabrik Rannersdorf (Erfinder: W. Goldlust). Oe.P. 135 000 vom 2/12.1931, ausg.25/10.1933. - Ref.C. 1934. I. 474.

Gewinnung von in kaltem Wasser quellbarer Stärke. Scholten's Chemische Fabrieken, N.V.W.A. F.P. 720 507 vom 23/7.1931, ausg. 20/2.1932. - Ref.C. 1932. II. 1246.

Herstellung von in kaltem Wasser quellbarer Stärke. Henkel & Cie. G.m.b.H. (Erfinder: Höppler, E.F. und Haake, J.W.). A.P. 1 878 852 vom 3/7.1930, ausg.20/9.1932, id.mit F.P. 696 867. Dtsch.Prior. 28/11.1927.

Trockene Quellstärkepräparate. Henkel & Cie. G.m.b.H. D.R.P. 554 926 Kl. 89k vom 29/8.1930, ausg.15/7.1932, id.mit E.P. 359 756.

Herstellung von trockener Quellstärke. Henkel & Cie. G.m.b.H. F.P. 705 934 vom 19/11.1930, ausg.16/6.1931. D.Prior.28/8.1930. - Ref.C. 1931. II. 1367.

Schwellstärke. Henkel & Cie. G.m.b.H. (Erfinder: E.F. Höppler u. J.W. Haake). Schwed.P. 74 784 vom 14/6.1930, ausg.12/7.1932. - Ref.C. 1934. II. 153.

Herstellung von in kaltem Wasser quellbarer Stärke. Höppler, E.F. u. Haake, J.W. E.P. 346 224 vom 13/6.1930, ausg.30/4.1931. - Ref.C. 1931. II. 334.

Herstellung von in kaltem Wasser quellbarer Stärke. Henkel & Cie. G.m.b.H. F.P. 696 867 vom 10/6.1930, ausg.9/1.1931. - Ref.C. 1931. I. 2947.

Verfahren zur Verhinderung der Klumpenbildung auf mechanischem Wege bei der Auflösung von Quellstärke. Henkel & Cie. G.m.b.H. (Erfinder: Haake, J.W.). Schwed.P. 75 084 Kl. 89k vom 31/5.1930, veröff. 16/8.1932. D.Prior. vom 31/5.1929.

Verfahren zur Verhinderung von Klumpenbildung bei der Auflösung kaltquellender Stärke und Pflanzenleime. Henkel & Cie. G.m.b.H. Oe.P. 122 981 vom 27/5.1930, ausg.26/5.1931. D.Prior.31/5.1929. - Ref.C. 1931. II. 952.

Verfahren zur Herstellung einer in kaltem Wasser quellbaren Stärke aus Kartoffeln. Chemische Fabrik Mahler und Dr. Supf A.-G. D.R.P. 554 945 Kl. 89k vom 19/10.1929, ausg.16/7.1932. - Ref.C. 1932. II. 1709.

Quellstärke. Henkel & Cie. G.m.b.H. D.R.P. 665 742 Kl. 89k vom 10/12.1928. Zus.z. F.P. 696 867. C. 1931. I. 2947.

Herstellung von quellbaren Produkten verschiedener Art. Anderson Puffed Rice Co. Dän.P. 41 689 vom 14/3.1928, ausg.24/2.1930. A.Prior. 8/11.1927. - Ref.C. 1932. II. 3927.

Herstellung von in kaltem Wasser quellender Stärke. Meyer, O. Jugoslaw.P. 5637 vom 7/6.1927, ausg.1/3.1929. - Ref.C. 1930. I. 763.

Herstellung von in kaltem Wasser quellbarer Stärke. Riethof, F. Oe.P. 112 641 vom 6/5.1927, ausg.25/3.1929. - Ref.C. 1929. I. 2932.

Verfahren zur Herstellung kaltquellender Stärkepräparate. Henkel & Cie. G.m.b.H. D.R.P. 563 272 Kl. 89k vom 29/11.1927, ausg. 5/9.1933. - Ref.C. 1933. II. 627.

Verfahren zur Herstellung einer in kaltem Wasser quellbaren Stärke. Henkel & Cie. G.m.b.H. (Erfinder: R.G. Schulz). D.R.P. 582 679 Kl. 89k vom 18/6.1926, ausg.21/8.1933. - Ref.C. 1933. II. 2602.

Herstellung einer in kaltem Wasser quellbaren Stärke. Meyer, O. Schwz.P. 127 025 vom 10/12.1926, ausg.1/8.1928. D.Prior.15/12. 1926. - Ref.C. 1929. I. 158.

Verfahren zur Herstellung von kaltquellbaren Stärkeprodukten. Stern, E. D.R.P. 542 581 Kl. 89k vom 28/5.1926, ausg.26/1.1932. - Ref.C. 1932. I. 1726.

Herstellung von in kaltem Wasser quellbarer Stärke. Meyer, O. Oe.P. 109 992 vom 13/12.1926, ausg.25/6.1928. D.Prior. 15/12.1925. - Ref.C. 1928. II. 1397.

Verfahren zur Herstellung einer in kaltem Wasser quellbaren Stärke. Bechhold, H. D.R.P. 564 302 Kl. 89k vom 14/1.1926, ausg.17/11. 1932. - Ref.C. 1933. I. 518.

Kalt quellbare Stärkeprodukte. Stern, E. Oe.P. 117 648 vom 10/3. 1926, ausg. 10/5.1930. - Ref.C. 1931. I. 2948.

Herstellung von in kaltem Wasser quellbaren Stärkeerzeugnissen. Henkel & Cie. G.m.b.H. (Erfinder: M. Jacobi). D.R.P. 478 538 Kl. 89k vom 2/7.1925, ausg.28/6.1929. - Ref.C. 1929. II. 3254.

Verfahren zur Herstellung von in kaltem Wasser ohne Klumpenbildung quellbaren Stärkeerzeugnissen. Henkel & Cie. G.m.b.H. D.R.P. 508 786 Kl. 89k vom 16/5.1925, ausg. 2/10.1930. - Ref.C. 1931. I. 538.

In kaltem Wasser quellbare Stärke. Meyer, O. D.R.P. 447 727 Kl. 89k vom 16/12.1925, ausg.28/7.1927.

Verfahren und Apparatur zur Gewinnung von kalt quellender Stärke. Haberland Mfg. Co., übert.von: E. Wulkan). A.P. 1 677 314 vom 12/8.1924, ausg.17/7.1928. - Ref.C. 1928. II. 2081.

Verfahren zur Herstellung von kalt quellbaren Stärkeprodukten. Stern, E. D.R.P. 519 300 Kl. 89k vom 6/8.1924, ausg.26/2.1931. - Ref.C. 1931. I. 2550.

Herstellung einer in kaltem Wasser quellenden Stärke. Weiss, L. A.P. 1 474 129 vom 4/1.1923, ausg.13/11.1923. - Ref.C. 1924. I. 1118.

Herstellung von kaltquellender Stärke. Chemische Fabrik Mehler & Supf A.-G. D.R.P. 409 958 Kl. 22i vom 29/8.1923, ausg.11/2. 1925. - Ref.C. 1925. I. 1820.

Verfahren zur Herstellung von in kaltem Wasser quellender Stärke. Singer, A. E.P. 188 344 vom 6/11.1922. - Ref.C. 1923. II. 484.

Herstellung kalt quellender Stärke. Aktienges. für chemische Produkte, vorm. H. Scheidemandel (Erfinder: H.J. Braun). D.R.P. 401 361 vom 23/4.1922, ausg.5/9.1924. - Ref.C. 1924. II. 2618.

Verhinderung der Klumpenbildung bei der Auflösung kalt quellender Stärke und Stärkepräparate. Chemische Fabrik Mahler & Supf, Kommandit-Ges. D.R.P. 389 023 vom 10/6.1921, ausg.24/1.1924. - Ref.C. 1924. I. 1599.

Herstellung von unterhalb der Verkleisterungstemperatur quellbaren Stärkeprodukten. Wulkan, H. Oe.P. 97 684 vom 12/10.1921, ausg. 25/8.1924. - Ref.C. 1925. I. 2670.

Herstellung kalt quellender Stärkeprodukte. Chemische Fabrik Mahler & Supf Akt.-Ges. D.R.P. 403 076 vom 17/7.1921, ausg.20/9. 1924. - Ref.C. 1924. II. 2618.

Verfahren zur Herstellung von kalt quellender Stärke. Chemische Fabrik Mahler u. Dr. Supf Akt.-Ges. D.R.P. 508 160 Kl. 89k vom 16/11.1921, ausg.24/9.1930. Oe.Prior. 5/11.1921. - Ref.C. 1930. II. 3091.

Herstellung kaltquellbarer Stärkeprodukte. Wulkan, H. Oe.P.99 007 vom 12/10.1921, ausg.10/1.1925. Zus.zu Oe.P. 97 684. - Ref.C. 1925. II. 98.

Verfahren zur Verhinderung der Klumpenbildung bei der Auflösung kalt quellender Stärke. Kantorowicz, J. E.P. 145 689 vom 30/6. 1920, ausg.15/12.1921. - Ref.C. 1922. II. 951.

Verfahren zur Hinderung der Klumpenbildung bei der Auflösung kalt quellender Stärke. Kantorowicz, J. F.P. 520 107 vom 9/7.1920, ausg.21/6.1921. - Ref.C. 1921. IV. 1040.

In der Kälte ohne Klumpenbildung quellendes Stärkepräparat. Kantorowicz, J. Schw.P. 96 819 vom 20/5.1919, ausg.16/11.1922. - Ref. C. 1923. II. 1004.

Verfahren zur Herstellung eines in der Kälte ohne Klumpenbildung quellenden Stärkepräparates. Kantorowicz, J. Schw.P. 91 848 vom 20/5.1919, ausg.16/11.1921. - Ref.C. 1922. II. 816.

Verhinderung der Klumpenbildung bei der Auflösung kalt quellender Stärke. Chemische Fabrik Mahler und Dr. Supf K.G. D.R.P.371 409 vom 1/6.1918, ausg.15/3.1923. - Ref.C. 1923. II. 1092.

Verfahren zur Herstellung von quellbaren, nicht klebenden Präparaten aus Stärke. Hertel, G. und Hornung, G. D.R.P. 220 850 Kl. 12o vom 28/3.1909, ausg.8/4.1910.

Verfahren zur Herstellung von quellbaren, nicht klebenden Präparaten aus Stärke. Hertel, G. und Hornung, G. D.R.P. 220 851 Kl. 12o vom 28/3.1909, ausg.8/4.1910. Zus.zu D.R.P. 220 850.

Verfahren zur Behandlung von Stärke. Arabol Mfg.Co. (Erfinder: Supf, F.). A.P. 918 925 vom 27/6.1908, ausg.20/4.1909.

Verfahren, Stärke in kaltem Wasser quellfähig zu machen. Arabol Mfg. Co. D.R.P. 180 830 Kl. 89k vom 29/3.1906, ausg.6/2.1907. - Ref. C. 1907. III. 200.

Verfahren zur Herstellung einer beim Zusatz von Wasser quellenden und kleisterförmig werdenden Stärke. Kantorowicz, J. D.R.P. 166 259 vom 3/5.1905, ausg.19/12.1905. - Ref.C. 1906. I. 628.

Verfahren zur Herstellung von in kaltem Wasser quellender Stärke. Kantorowicz, J. D.R.P. 158 861 Kl. 89k vom 3/7.1903, ausg. 2/3.1905. Zus.zu D.R.P. 157 896.

Verfahren zur Herstellung von in kaltem Wasser quellender Stärke. Kantorowicz, J. D.R.P. 157 896 Kl. 89k vom 3/7.1903, ausg. 18/1.1905. - Ref.C. 1905. I. 643.

322. Untersuchung

Das Quellungsvermögen von Quellmehlen und Quellstärken und seine Bestimmung. Getreide, Mehl, Brot 5. 43 (1951). - Ref.C 1951. II. 1075.

Über das Quellungsvermögen von Quellmehlen und Quellstärken und seine Bestimmung. Lindemann, E. Getreide, Mehl, Brot 4. 100-03. (1950). - Ref.C. 1951. I. 2099, Stärke 2. 208 (1950).

Die Bestimmung des Wasserbindungsvermögens von Quellmehlen. Graefe, G. Stärke 2. 272-73. (1950). - Ref.C. 1951. I. 2234.

Eine einfache Methode zur Bestimmung der Wasseraufnahme von Quellstärken. Kröner, W. Z.Spiritusind. 61. 335. 27/10.1938. - Ref.C. 1939. I. 2095.

33. Lösliche Stärke

331. Fragen der Herstellung
332. Patente
333. Untersuchung, Prüfung

331. Fragen der Herstellung
(Vgl. auch "Lösliche Stärken": 832)

Die Herstellung von löslicher Stärke. Kimmel, E. und Fridlovschi, A. Bull.stiint.Tehn.Inst.Politehn.Timişoara (N.S.2) 2 (16) Nr.1. 319-29 (1957). - Ref.C. 1960. 4052.

Herstellung und Verwendung von löslicher Stärke. Miljutin, A.A. und Marker, W.E. Arb.zentr.wiss.Forsch.-Inst. Stärke- u.Stärke-Sirup-Ind. (russ.) 2. 19-22 (1956). -Ref.C.A. 52. 7747g (1958).

Herstellung löslicher Stärke. Fellenberg, Th.v. Mitt.Gebiete Lebensmittelunters.Hyg.(Bern) 43. 88-90 (1952). - Ref.C. 1953. 5228.

Gewinnung löslicher Stärken durch verdünnte Säuren. Laqueuille, G. Rev.Gen.Teinture, Impress.Blanchiment, Appret Tiba 16. 677-83. Dez.1938. - Ref.C. 1939. I. 5063.

Gewinnung von löslicher Stärke. Spasski, N.A. Polygraph.Betrieb (russ.) 1938. Nr.1. 33-37. - Ref.C. 1938. II. 2547.

Lösliche Stärkearten, ihre Herstellung und Verwendung. Radley, J.A. Manufactur.Chemist.pharmac.Cosmetic.Perfum. Trade J.7. 246-47. 249. (1936). - Ref.C. 1936. II. 2462.

Herstellung von löslichen Stärken mit Hilfe von Hypochloriten. Rassow, B. Melliand Textilber. 12. 468 (1931).

Fabrikation von löslicher Stärke und Dextrin. Bobkow, P. Moskau: Staatl.Techn.Verlag (russ.) 1931. (144 S.) Rbl. 2,50. - Ref.C. 1931. I. 2278.

Über die Herstellung einer löslichen Stärke durch Einwirkung von Natriumhypochloritlauge auf Stärke und ihre Eigenschaften. Lobenstein, M. Inaugural-Dissertation, Leipzig 1930.

Über ein neues Verfahren zur Herstellung löslicher Stärke. Haller, R. Melliands Textilber. 5. 389-390 (1924). - Ref.C. 1924. II. 565.

Die verschiedenen Herstellungsverfahren von löslicher Stärke. Parow. Z.Spiritusind. 45. 169 (1922). - Ref.C. 1922. IV. 381.

Eine Methode zur Herstellung löslicher Stärke. Small, J.C. J.Amer. chem.Soc. 41. 113-20. (1919/1918). - Ref.C. 1919. IV. 47.

Herstellung von löslicher Stärke. Leulier, A. J.Pharm.et Chim. (7) 18. 291 (1918). - Ref.C. 1919. II. 857.

Die Grundlagen der in der Technik gebräuchlichen Verfahren zur Herstellung von löslicher Stärke. Pomeranz, H. Z.ges.Textil-Ind. 20. 524 (1917).

Über die Verwendung der Ameisensäure zur Herstellung von Verdickungsmitteln und löslicher Stärke. Welwart, N. Chemiker-Ztg. 31. 126 (1907). - W.Ref. 1151, C. 1907. I. 1467.

Neue, in Frankreich eingeführte Verfahren zur Behandlung von Stärke. Sci.American, Suppl. 61. 25239 (1906). - W.Ref. 2299.

Lösliche Stärke mit Hilfe von Chlorgas. Parow, E. Z.Spiritusind. 27. 208 (1904).

Herstellung von löslicher Stärke für Laboratoriumszwecke. Z.Spiritusind. 25. 371 (1902).

Herstellung löslicher Stärke. Thomas, P. Ann.Brass.Distill. 5. 267-68 (1902). - W.Ref. 1150.

Eine neue Methode zur Herstellung löslicher Stärke. (Auszug). Virneisel, F. J.Soc.chem.Ind. 19. 548 (1900). - W.Ref.1149.

Herstellung löslicher Stärke, Dextrin etc. (Auszug). Higgins. J.Soc.chem.Ind. 19. 1126 (1900). - W.Ref. 1148.

Darstellung löslicher Stärke. Wroblewski, A. Pharm.Cent.-H. 39. 870 (1898). J.Pharm.Chim. 8. 314 (1899). - Ref.C. 1899. I. 190.

Über die Eigenschaften der löslichen Stärke und über eine einfache Methode zur Darstellung derselben. Wroblewski, A. Chemiker-Ztg. 22. 375-376 (1898). - W.Ref. 1147, C. 1898. II. 19.

Darstellung von löslicher Stärke und Stärkelösung. Förster, O. Chemiker-Ztg. 21. 41 (1897). - W.Ref. 1145, C. 1897. I. 408.

Über lösliches Stärkemehl aus Dextrin. Musculus, F. Bull.Soc. chim. 22. 30 (1874).

Über Fulminose und Fulminam. (Isomere Körper der Cellulose und der Stärke.). Blondeau, Ch. Ann.Chim.Phys. 68. Sér. 3; 462-472 (1863). - W.Ref. 1135.

332. Patente

Eine Methode zur Herstellung von in kaltem Wasser löslichen Stärken. Kurojanagi, K. und Yamagata, T. Japan.P. 16 707 ('63) vom 8/12.1961., ausg.2/9.1963. - Ref.J.Chem.(russ.) 1966. 1 R336.

Die Herstellung von in kaltem Wasser löslicher Stärke. Matsutani, E., Omae, K. und Chorie, Ch. Japan.P. 24 029 (61') ausg.22/12. 1961. - Ref.J.Chem.(russ.) 1963. 7 R275.

Herstellung von in kaltem Wasser dispergierbarer Stärke. W.A. Scholten's Chemische Fabrieken N.V. (Erfinder: Moes, G.). A.P. 3 097 102 vom 18/7.1960., ausg.9/7.1963. Holl.Prior. 24/7.1959, id.mit D.A.S. 1 117 510. - Ref.C. 1964. 43-2766.

Herstellung kaltwasserlöslicher Stärkeprodukte. W.A. Scholten's Chemische Fabrieken N.V. E.P. 897 165 vom 21/7.1960., ausg. 23/5.1962., Holl.Prior. 24/7.1959, id.mit D.A.S. 1 117 510. - Ref.C. 1963. 7198.

Herstellung kaltwasserlöslicher Stärkeprodukte. W.A. Scholten's Chemische Fabrieken N.V. (Erfinder: Moes, G.). D.A.S.1 117 510 Kl. 89k vom 23/7.1960., ausg.16/11.1961. Holl.Prior. 24/7.1959, id.mit E.P. 897 165 u. A.P. 3 097 102. - Ref.C. 1962. 6617, C.A. 56. 8984b (1962), Stärke 15. 33 (1963).

In kaltem Wasser lösliche Stärke. Sumiki, Y. und Horizu, K. Japan. P. 7578 ('59) vom 29/8.1959. - Ref.C.A. 54. 2794b (1960), Ref. J.Chem.(russ.) 1961. 20 N236.

Herstellung von in kaltem Wasser löslicher Stärke. National Industrial Products Co., übert.von: McCombs, F.P. und Hyldon, R.G. A.P. 2 819 980 ausg. 14/1.1958. - Ref.C.A. 52. 6824d (1958), C. 1959. 1983.

Herstellung wasserlöslicher Stärkeverbindungen. Odagiri, T. Japan. A.S. 499/1960 vom 28/11.1957., ausg.26/1.1960. - Ref.J.Chem. (russ.) 1961. 13 N470, C. 1962. 11764.

Herstellung einer in kaltem Wasser dispergierbaren Stärke. National Industrial Products Co., übert.von: Todd, J.W. A.P. 2 865 775 vom 18/9.1957, ausg.23/12.1958. - Ref.C.A. 53. 5715d (1959), C. 1960. 6351, Ref.J.Chem.(russ.) 1960. 36590, Stärke 12. 312 (1960).

In kaltem Wasser dispergierbare Stärkeprodukte. Corn Products Refining Co. (R.W. Kerr). A.P. 2 732 309 vom 24/1.1956. - Ref.C. A. 50. 6824a (1956).

Herstellung kaltwasserlöslicher Stärke. Ruskin, S.L. D.A.S. 1 093 300 Kl. 89k vom 15/11.1955., ausg.17/11.1960. A.Prior. 17/11.1954, 2/1. u.17/10.1955. - Ref.C. 1961. 8507, C.A. 55. 26488i (1961).

Kaltwasserlösliche Stärke. Corn Products Refining Co. E.P.739 173 vom 5/1.1953, ausg.26/10.1955. A.Prior. 28/8.1952. - Ref.C. 1957. 7512.

Wasserlöslichmachen von Stärke. Springs Cotton Mills (Erfinder: F. Hovey Martin). E.P. 718 465 vom 27/6.1952, ausg.17/11.1954. - Ref.C. 1955. 9464.

Gewinnung löslicher Stärke. Staley, A.E. Mfg. Co., übert.von: Smith, C.E. u. Hayes, L.P. A.P. 2 725 313 vom 30/10.1951, ausg.29/11.1955. - Ref.C. 1956. 12422.

Calciumchlorid enthaltende, kaltlösliche Stärke. Yorkshire Dyeware & Chemical Co. Ltd. E.P. 705 906 vom 23/8.1950, ausg.24/3.1954. - Ref.C. 1955. 710.

Herstellung löslicher Stärke. Wulkan, E. F.P. 1 008 021 vom 6/1. 1950, ausg.13/5.1952. - Ref.C. 1954. 4283.

Darstellung eines Stärkeabbauerzeugnisses. Blattmann & Co. (Erfinder: Meier, E.). Schweiz.P. 256 502 Kl. 32f vom 2/4.1946, ausg. 16/2.1949. - Ref.C. 1949. E. 1644, Stärke 2. 306 (1950).

Lösliches Stärkeprodukt. Corn Products Refining Co.,(übert.von: W.W. Pigman, R.W. Kerr u. N.F. Schink). E.P. 658 525 vom 27/8. 1948, ausg.10/10.1948. A.Prior. 21/5.1948. - Ref.C. 1953. 3966.

Verfahren zur Herstellung von in kaltem Wasser löslichen Stärkepräparaten. Scholten's Chemische Fabrieken Holl. (Lolkema, J. u. van der Meer, W.). D.B.P. 942 920 Kl. 89k vom 21/12.1948, ausg.9/5.1956. Holl.Prior. vom 18/8.1944. - Ref.Stärke 8. 214 (1956).

Trockene, in kaltem Wasser lösliche Stärkepräparate. Scholten's Chemische Fabrieken (Lolkema, J. u. van der Meer, W.A.). D.B.P. 936 500 Kl. 89k vom 28/12.1948, ausg.15/12.1955. Holl.Prior. vom 20/6.1945. - Ref.Stärke 7. 314 (1955).

Verfahren zur Herstellung trockener, in kaltem Wasser löslicher Stärkepräparate. Scholten's Chemische Fabrieken (Lolkema, J. und van der Meer, W.A.). D.B.P. 934 820 Kl. 89k vom 31/12.1948, ausg.3/11.1955. Holl.Prior. vom 25/3.1947. - Ref.Stärke 7. 295 (1956), C.A. 53. 7481 (1959).

Wasserlösliche Stärke. Wulkan, E. F.P. 970 080 vom 9/8.1948, ausg.29/12.1950. E.Prior. 19/12.1947. - Ref.C. 1951. I. 2517.

Herstellung kaltlöslicher Stärke. N.V.W.A. Scholten's Chemische Fabrieken. F.P. 963 895 vom 25/3.1948, ausg.24/7.1950; Holl. Prior. 25/3.1947. - Ref.C. 1951. I. 1393.

Herstellung von umgewandelter löslicher Stärke. Wulkan, E. N.P. 76 498 vom 19/5.1948, ausg.20/3.1950. E.Prior. 19/12.1947. - Ref.C. 1951. II. 759.

Gewinnung von in Wasser dispergierbarem Stärkemehl. Stein, Hall & Co., Inc., übert.von: G.V. Caesar. Can.P. 472 005 vom 24/3. 1947, ausg.6/3.1951. A.Prior. 27/4.1946. - Ref.C. 1951. II.759.

Herstellung von löslicher Stärke. Blattmann & Co. F.P. 957 743 vom 23/12.1947, ausg.23/2.1950. - Ref.C. 1950. II. 1409.

Herstellung löslicher Stärke. Scholten's Chemische Fabrieken, N.V.W.A. (Erfinder: van der Meer, W.A.). F.P. 944 269 vom 8/11. 1946, ausg.31/3.1949. Holl.Prior. 29/3.1945. - Ref.C. 1950. I. 1794.

Kaltwasserlösliche Stärkepräparate. Scholten's Chemische Fabrieken N.V.W.A., übert.von: J. Lolkema u. W.A. van der Meer. A.P. 2 562 558 vom 1/11.1946, ausg.31/7.1951. Holl.Prior. 18/8.1944. - Ref.C. 1952. 6778.

Herstellung trockener, in kaltem Wasser löslicher Stärkepräparate. Scholten's Chemische Fabrieken, übert.von: J. Lolkema und W.A. van der Meer. A.P. 2 542 933 vom 1/11.1946, ausg.20/2.1951. Holl.Prior. 23/11.1946. - Ref.C. 1952. 5828.

Herstellung trockener, in kaltem Wasser löslicher Stärkepräparate. Scholten's Chemische Fabrieken, übert.von: J.Lolkema u. W.A. van der Meer. A.P. 2 542 932 vom 1/11.1946, ausg.20/2.1951. Holl.Prior. 20/6.1945. - Ref.C. 1952. 5828.

Stärkelösungen. Kalt quellende Stärke. Scholten's Chemische Fabrieken, übert.von: J. Lolkema u. W.A. van der Meer. A.P. 2 575 423 vom 1./11.1946, ausg.20/11.1951. - Ref.C. 1953. 1573, C.A. 46. 2324d (1952), Stärke 4. 104 (1952).

Herstellung von in der Kälte quellbaren und wasserlöslichen Stärkepräparaten. Scholten's Chemische Fabrieken, N.V.W.A. (Erfinder: Lolkema, J. u. van der Meer, W.A.). F.P. 941 732 vom 24/10.1946, ausg.19/1.1949. Holl.Prior.18/8.1944. - Ref.C. 1950. I. 807.

Herstellung von trockenen, in kaltem Wasser löslichen Stärkepräparaten. Scholten's Chemische Fabrieken, N.V.W.A. Finn.P.25 316 vom 20/6.1946, Auszug veröff.29/9.1951. Holl.Prior. 20/6.1945. - Ref.C. 1952. 6778.

Trockenes, in kaltem Wasser lösliches Stärkepräparat. W.A. Scholten's Chemische Fabrieken N.V. (Erfinder: Lolkema, J. u. van der Meer, W.A.). Schwed.P. 147 745 Kl. 89k vom 19/6.1946, ausg. 14/11.1954. Holl.Prior. vom 20/6.1945.

Herstellung trockener, in kaltem Wasser löslicher Stärkepräparate. Scholten's Chemische Fabrieken (Erfinder: J. Lolkema u. W.A. van der Meer). F.P. 927 057 vom 17/5.1946, ausg.20/10.1947. - Ref.C. 1947. E. 641.

Herstellung von in kaltem Wasser löslichen trockenen Stärkeprodukten. Scholten's Chemische Fabrieken, N.V.W.A. N.P. 78 147 vom 9/5.1946, ausg.19/2.1951. Holl.Prior. 23/11.1944. - Ref.C. 1953. 4475.

Herstellung von in kaltem Wasser löslichen trockenen Stärkeprodukten. Scholten's Chemische Fabrieken, N.V.W.A., übert.von: Möller, F.A. u. Lolkema, J. A.P. 2 451 686 vom 28/3.1946, ausg.19/10.1948. Holl.Prior. 25/4.1941. - Ref.C. 1949. II. 603.

Stärkeumwandlung. Neumann, S. A.P. 2 494 191 vom 14/6.1945, ausg. 10/1.1950. E.Prior. 28/6.1944. - Ref.C. 1950. II. 2132.

Herstellung trockener, in kaltem Wasser löslicher Stärkeprodukte. Scholten's Chemische Fabrieken, N.V.W.A. (Erfinder: Möller, F.A. und Lolkema, J.). D.P. (DDR) 5 225 Kl. 89k vom 17/3.1942, ausg.21/4.1955 (Ausschließungspatent).

Herstellung kolloidaler, nichtgerinnender Stärke oder Gelatine. Neumann, H.T. Chem.Engng.News 23. 717-19 (1945). - Ref.C. 1947. 948.

Herstellung von mit kaltem Wasser stabile kolloidale Lösungen bildenden Stärkepräparaten. Scholten's Chemische Fabrieken, N.V.W.A. Schwz.P. 267 379 vom 3/3.1945, ausg.16/6.1950. Holl. Prior. 22/10.1943. - Ref.C. 1954. 1845.

Löslichmachen von Stärke. Mathieson Alkali Works, Inc., übert.von: Vincent, G.P. A.P. 2 409 085 vom 25/1.1944, ausg.8/10.1946. - Ref.C. 1947. 676.

Herstellung von trockenen und in kaltem Wasser löslichen Stärkeprodukten. Scholten's Chemische Fabrieken, N.V.W.A. F.P. 881 496 vom 23/4.1942, ausg.27/4.1943. Holl.Prior. 25/4.1941. - Ref.C. 1944. I. 1253.

Herstellung löslicher Stärke. Caletti, L. Gior.Chimici 35. 58-59. (1941). - Ref.C. 1943. II 188.

Herstellung eines in kaltem Wasser löslichen Stärkeerzeugnisses. Stein, Hall u.Co., Inc., übert.von: Caesar, G.V., Thompson, Th.D. A.P. 2 417 969 vom 15/12.1941, ausg.25/3.1947. - Ref.C. 1947. 1052.

Herstellung löslicher Stärke. Deutsche Gold- u.Silber-Scheideanstalt, vormals Roessler. Schwz.P. 225 995 vom 3/7.1941, ausg.1/6.1943. - Ref.C. 1944. I. 65.

Herstellung kolloidaler, nichtgerinnender Stärke oder Gelatine. Neumann, H.T. A.P. 2 417 515 vom 6/11.1940, ausg.18/3.1947. - Ref.C. 1947. 948.

Herstellung von klar wasserlöslichen Stärkepräparaten.Chemische Fabriek Servo N.V. u. M.D. Rozenbroek. E.P. 534 112 vom 27/12. 1939, ausg.27/3.1941. Holl.Prior.27/12.1938. - Ref.C. 1944. I. 192.

Herstellung von löslicher Stärke. Nivling, W.A. A.P. 2 238 339 vom 22/8.1938, ausg.15/4.1941. - Ref.C. 1942. I. 940.

Herstellung von löslicher Stärke. Nivling, W.A. A.P. 2 204 615 vom 26/8.1937, ausg.18/6.1940. - Ref.C. 1941. I. 292.

Mit Wasser leicht anrührbare Gerstenstärke. Corn Products Co. Ltd. (Erfinder: Beaver, A.E.A.). E.P. 485 090 vom 10/11.1936, ausg. 9/6.1938. - Ref.C. 1939. I. 1463.

Verfahren zur Herstellung eines in warmem Wasser löslichen Stärkeabbauproduktes. Stärke-Fabrik Golssen W. Schulze & Co. Schwz. P. 189 636 Kl. 32f vom 12/12.1935, ausg.18/5.1937.

Verfahren zur Kontrolle, Regelung und Erleichterung der Anwendung von Solen löslicher Stärke. Debuigne, J.F.L. F.P. 782 260 vom 4/12.1934, ausg.1/6.1935. - Ref.C. 1935. II. 3715.

Herstellung löslicher Stärke. Debuigne, J.F.L. F.P. 777 722 vom 24/8.1934, ausg.27/2.1935. - Ref.C. 1935. II. 140.

Herstellung von kaltwasserlöslichen Stärkeprodukten. Chemische Fabriek "Servo", N.V. u. M.D. Rozenbroek. E.P. 430 872 vom 17/10.1934, ausg.25/7.1935. Holl.Prior.23/10.1933. - Ref.C. 1935. II. 3714.

Herstellung löslicher Stärke. Duintjer Wilkens Meihuizen & Co., N. V. Ind.P. 20 974 vom 27/6.1934, ausg.10/11.1934. E.Prior.3/5. 1934. - Ref.C. 1935. I. 2274.

Verfahren zur Gewinnung löslicher Stärke. Duintjer Wilkens Meihuizen & Co., N.V. Schwz.P. 178 528 Kl.32f vom 5/5.1934, veröff.1/10.1935. Oe.Prior. vom 6/5.1933.

Herstellung löslicher Stärke. Duintjer Wilkens Meihuizen & Co., N.V. Schwz.P. 178 527 vom 5/5.1934, ausg.1/10.1935. D.Prior. 5/5.1933. - Ref.C. 1936. I. 2848.

Herstellung löslicher Stärke. Duintjer Wilkens Meihuizen & Co., N.V. Oe.P. 144 377 vom 4./5.1934, ausg.25/1.1936. D.Prior. 5/5.1933. - Ref.C. 1936. I. 3418.

Herstellung löslicher Stärke. Seck, W. E.P. 437 890 vom 4/5.1934, ausg.5/12.1935. D.Prior.4/5.1933. - Ref.C. 1936. I. 4510.

Lösliche Stärke oder Dextrin. Mori, D. Japan.P. 100 061 vom 10/3.1933. - Ref.C.A. 28. 2564 (1934).

Herstellung löslicher Stärke. Meulen, J.H. van der. D.R.P.624 988 Kl. 89k vom 6/5.1933, ausg.1/2.1936. - Ref.C. 1936. I. 3417.

Herstellung löslicher Stärkeprodukte. Chemische Fabrik Pyrgos G.m.b.H. u. R. Haller (Erfinder: R. Feibelmann u. R. Haller). D.R.P. 665 268 Kl. 89k vom 3/3.1932, ausg.21/9.1938. - Ref.C. 1938. II. 4326.

Herstellung von kaltwasserlöslicher Stärke. Gröninger, G. D.R.P. 602 832 vom 23/10.1930, ausg.18/9.1934. - Ref.C. 1935. I. 166.

Herstellung von in kaltem Wasser löslicher Stärke. Henkel & Cie. G.m.b.H. E.P. 359 756 vom 18/11.1930, ausg.19/11.1931. D.Prior. 28/8.1930. - Ref.C. 1932. I. 597.

Herstellung eines in Wasser löslichen Stärkeumwandlungsproduktes. American Diamalt Co. A.P. 1 382 517 vom 19/7.1929, ausg.22/11. 1932. - Ref.C. 1933. I. 1037.

Verfahren zur Herstellung von löslicher Stärke. Reisz, F. Ung.P. 104 972 vom 18/9.1929, ausg.1/2.1933. - Ref.C. 1933. I. 3014.

Herstellung von löslicher Stärke hohen Reinheitsgrades. Schéele, C.G.A. von. Schwed.P. 72 534 vom 16/5.1929, ausg.25/8.1931. - Ref.C. 1933. I. 3807.

Herstellung von mit kaltem Wasser kolloidal verrührbarer Stärke. International Patents Development Co. F.P. 676 181 vom 4/6. 1929, ausg.19/2.1930. A.Prior. 26/12.1928. - Ref.C. 1930. I. 2979.

Verfahren zur Herstellung löslicher Stärke. Höppler, F. D.R.P. 558 145 Kl. 89k vom 1/8.1929, ausg.3/9.1932. - Ref.C. 1932. II. 2750.

Herstellung von Stärke. International Patents Dev. Co. (Erfinder: F.O. Giesecke). Aust.P. 20 536/1929 vom 8/6.1929, ausg.24/6. 1930. A.Prior. 26/12.1928. - Ref.C. 1930. II. 3659.

Herstellung von in kaltem Wasser klarlöslichen Stärken. Ferdinand Sichel K.-G. D.R.P. 641 752 Kl. 89k vom 5/10.1928, ausg.12/2. 1937. - Ref.C. 1937. I. 3418.

Herstellung von löslichem Stärkepulver. Haake, R. und Haake, W. A.P. 1 792 088 vom 15/5.1928, ausg.10/2.1931. D.Prior.13/10. 1926. - Ref.C. 1931. I. 2550.

Verfahren zur Verbesserung der Löslichkeit von Stärke. International Patents Development Co. D.R.P. 516 361 Kl. 89 vom 3/7.1928, ausg.21/1.1931. A.Prior. 3/8.1927. - Ref.C. 1931. I. 1982.

Herstellung eines in kaltem Wasser löslichen Stärkepräparates. Henkel & Cie. G.m.b.H. Belg.P. 350 518 vom 13/4.1928, Auszug veröff. 9/10.1928. D.Prior. 21/4.1927. - Ref.C. 1929. I. 2483.

Herstellung von mehr oder weniger löslichen Stärkeprodukten. International Patents Development Co., übert.von: C. Bergquist. E.P. 294 979 vom 3/7.1928, Auszug veröff. 26/9.1928. Prior. 3/8.1927. - Ref.C. 1929. I. 1057.

Verfahren zur Herstellung klarlöslicher Stärke. Gebr. Haake. D.R.P. 543 457 Kl. 89k vom 14/10.1926, ausg.5/2.1932, id.mit A.P. 1 792 088.

Löslichmachen von Stärke. Chemische Fabrik von Heyden Akt.-Ges. (Erfinder: R. Haller). Can.P. 268 914 vom 3/2.1926, ausg.8/3. 1927. - Ref.C. 1929. II. 103.

Herstellung löslicher Stärke. Chemische Fabrik Pyrgos G.m.b.H. und R. Haller. A.P. 1 564 955 vom 24/2.1925, ausg.8/12.1925. - Ref.C. 1926. I. 1728.

Lösliche Stärke. Chemische Fabrik Pyrgos Ges. und R. Haller. E.P. 229 623 vom 19/8.1924, Auszug veröff. 22/4.1925. Prior. 21/2. 1924. - Ref.C. 1925. II. 98, C.A. 19. 3169 (1925).

Herstellen von in kaltem Wasser löslicher Stärke. Pfeiffer & Dr. Schwandner G.m.b.H. D.R.P. 445 557 Kl. 89k vom 1/11.1924, ausg.14/6.1927. - Ref.C. 1927. II. 988.

Herstellung löslicher Stärkeprodukte. Chemische Fabrik Pyrgos G.m.b.H. und R. Haller. D.R.P. 438 119 Kl. 89k vom 22/2.1924, ausg.10/12.1926. - Ref.C. 1927. I. 1240.

Verfahren zur Herstellung löslicher Stärke. I.G. Farbenindustrie Akt.-Ges. (Erfinder: H. Kesseler u. E. Döring). D.R.P.535 839 Kl. 89k vom 27/5.1924, ausg.16/10.1931. - Ref.C. 1931. II. 3678.

Lösliche Stärke. Chemische Fabrik Pyrgos Ges. (Erfinder: Haller, R.). E.P. 229 623 vom 21/2.1924, ausg.22/4.1925. - Ref.C.A. 19. 3169 (1925), C. 1925. II. 98.

Herstellung kaltwasserlöslicher Stärke. Neustadt, G. und Neustadt, I. D.R.P. 392 660 vom 26/5.1921, ausg.22/3.1924. - Ref.C. 1924. I. 2645.

In der Kälte lösliche Stärke. Singer, A. F.P. 558 265 vom 3/11. 1922, ausg.24/8.1923. - Ref.C. 1924. I. 1118.

Stärkelösungen. Reychler, A. E.P. 188 992 vom 15/2.1921, ausg. 14/12.1922. - Ref.C. 1923. IV. 24.

Verfahren zur Herstellung löslicher Stärke. Reychler, A. F.P. 544 580 vom 15/12.1921, ausg.25/9.1922. - Ref.C. 1923. II.1004.

Verfahren zur Herstellung löslicher Stärkepräparate. Lenders, A. W.H. und Bauer, F., übertr.an: Penick & Ford, Ltd. Inc. A.P. 1 418 311 vom 2/7.1917, ausg.6/6.1922. - Ref.C. 1922. IV. 504.

Verfahren zur Herstellung löslicher Stärke. Kantorowicz, J. A.P. 1 207 177 vom 19/10.1914, ausg.5/12.1916.

Verfahren zur Verbesserung der bindenden Eigenschaften der löslichen Stärke. Mirow, F. D.R.P. 273 235 Kl. 22g vom 20/4.1913. - Ref.C. 1914. I. 1720.

Verfahren zur Herstellung kaltwasserlöslichen Stärkemehles. Kantorowicz, J. D.R.P. 250 405 Kl. 89k vom 21/4.1911, ausg.6/9.1912.

Lösliche Stärke. Administration der Minen von Buchsweiler A.-G. (Erfinder: Paira, A.). E.P. 9 370 vom 20/4.1909, ausg.10/8.1910. - Ref.C.A. 3. 3018 (1909).

Verfahren zur Herstellung von löslicher Stärke. Administration der Minen von Buchsweiler A.-G. D.R.P. 227 606 Kl. 89k vom 13/3. 1909, ausg.21/10.1910. - Ref.C. 1910. II. 1426.

Verfahren zur Ansäuerung des Stärkemehls zwecks Erzeugung von löslicher Stärke und Dextrinen. Wulkan, H. und Neumann, R. Österr.P. 44 009 vom 22/7.1908, ausg.10/9.1910.

Lösliche Stärke. Farbenfabriken, vorm. Friedr. Bayer & Co. (Erfinder: Militz, A.E.). A.P. 941 159 vom 29/1.1908, ausg.23/11. 1909. - Ref.C.A. 4. 525 (1910).

Verfahren zur Herstellung von löslicher Stärke. Farbenfabriken, vorm. Friedr. Bayer & Co. F.P. 383 902 vom 24/3.1908. - Ref. C.A. 3. 1105 (1909).

Verfahren zur Herstellung löslicher Stärke. Stolle und Kopke. D.R.P. 202 229 Kl. 89k 1908. - Ref.C. 1908. II. 1478.

Verfahren zur Darstellung löslicher Stärke. Farbenfabriken, vorm. Friedr. Bayer. D.R.P. 214 244 Kl. 89k vom 1/7.1908, ausg. 29/9.1909.

Verfahren zur Darstellung löslicher Stärke mittelst Persalzen. Flick, E. D.R.P. 217 336 Kl. 89k vom 5/5.1908, ausg.6/7.1909.

Verfahren zur Darstellung löslicher Stärke mittelst Säuren.Farbenfabriken, vorm. Friedr. Bayer & Co. D.R.P. 200 145 Kl. 89k vom 6/3.1907, ausg.9/7.1908.

Verfahren zur Herstellung löslicher Stärke. Stolle und Kopke. D.R.P. 199 753 Kl. 89k vom 8/7.1906, ausg.2/7.1908. - Ref.C. 1908. II. 55.

Verfahren zur Herstellung von löslicher Stärke. Farbenfabriken, vorm. Friedr. Bayer & Co. F.P. 383 902 vom 13/11.1907. - Ref. C.A. 3. 1105 (1909).

Verfahren zur Herstellung löslicher Stärke. Haake, J. und Haake,R. Oe.P. 26 366 vom 15/10.1905, ausg.10/11.1906.

Verfahren zur Gewinnung löslicher Stärke. Siemens & Halske A.-G. (Erfinder: Hartwig, R.). A.P. 798 509 vom 15/9.1903, ausg. 29/8.1905.

Verfahren zur Herstellung löslicher Stärke. Wotherspoon, W.M. D.R.P. 182 558 Kl. 89k vom 14/2.1903, ausg.3/4.1907.

Verfahren zur Herstellung löslicher Stärke mittelst Permanganats. Bredt, O. & Co. D.R.P. 156 148 Kl. 89k vom 6/10.1903, ausg. 28/11.1904.

Verfahren zur Herstellung löslicher Stärke. Kindscher, H. D.R.P. 168 980 Kl. 89k vom 14/12.1902, ausg.20/3.1906. - Ref.C. 1906. II. 1514.

Verfahren zur Herstellung löslicher Stärke mit Hilfe von Chlorgas. Kindscher, H. D.R.P. 149 588 Kl. 89k vom 15/12.1901, ausg. 12/3.1904. - Ref.C. 1904. I. 976.

Verfahren zur Herstellung löslicher Stärke mittelst flüchtiger organischer Säure. Blumer, E.R.L. D.R.P. 137 330 Kl. 89k vom 21/6.1901, ausg.13/1.1903. - Ref.C. 1903. I. 306.

Verfahren zum Löslichmachen von Stärke mittelst Persulfat. Société Anonyme "Trust Chimique". D.R.P. 134 301 vom 30/5.1901, ausg.4/9.1902.

Verfahren zur Umwandlung von Stärke in ihre lösliche Modifikation. Virneisel, F. F.P. 289 778 vom 10/6.1899.

Umwandlung von Stärke in ihre lösliche Modifikation. Virneisel,F. Belg.P. 143 231 vom 14/6.1899.

Verfahren zur Herstellung löslicher Stärke. Fol, F. D.R.P. 119 265 Kl. 89k vom 3/2.1898, ausg.1/4.1901. - Ref.C. 1901. I. 924.

Verfahren zur Herstellung geruchloser löslicher Stärke. Siemens & Halske A.-G. D.R.P. 103 400 Kl. 89k vom 15/12.1896, ausg.5/5. 1899. Zus.zu D.R.P. 103 399.

Verfahren zur Herstellung geruchloser löslicher Kartoffelstärke. Siemens & Halske A.-G. D.R.P. 103 399 Kl. 89k vom 16/7.1896, ausg.3/5.1899. - Ref.C. 1899. II. 892.

Verfahren zur Herstellung aufgeschlossener Stärke in trockenem, wasserlöslichem Zustand. Kantorowicz, J. und Neustadt, M. D.R.P. 88 468 Kl. 89k vom 13/9.1895, ausg.27/8.1896. - Ref.C. 1905. I. 643.

333. Untersuchung, Prüfung

(Vgl. auch "Lösliche Stärke": 832)

Bestimmung von durch Bestrahlung löslich gemachter Stärke. Trzehiński, J. und Ehrenberg, L. Acta chem.scand.(Kopenhagen) 13. 1075-80 (1959). - Ref.C. 1960. 10251, Stärke 13. 148 (1961), C.A. 55. 20795f (1961).

Lösliche Stärken. 1. Mitt. Kennzahlen von durch HCl löslich gemachte Stärke. Taketomi, N. und Suzuki, D. J.chem.Soc.Japan, ind.Chem.Sect. 54. 646-48 (1951). - Ref.C. 1956. 1618.

Vorschlag einer viskosimetrischen Methode zur Charakterisierung von löslicher Stärke. Richardson, W.A. Chem. and Ind. 58. 464-65 (1939). - Ref.C. 1939. II. 2592.

Kontrolle von käuflicher Lintner-Stärke. Schmidt, E.A. Z.ges. Getreide-, Mühlen- u.Bäckereiwes. 25. 11-14 (1938). - Ref.C. 1938. I. 2801.

Lösliche Stärke: Eine Untersuchung ihrer Eigenschaften mit einer empfehlenswerten Nachbehandlung zur Bestimmung ihrer Eignung in der Ermittlung der diastatischen Kraft nach Lintner. Snider, S.R. und Coleman, D.A. Cereal Chem. 14. 1-17 (1937). - Ref.C. 1937. I. 3564.

Lösliche Stärken und ihre Bewertung. Durst, G. Mschr.Textil-Ind. 48. 236-37 (1933). - Ref.C. 1934. I. 782.

Lösliche Stärken und ihre Bewertung. Durst, G. Mschr.Textil-Ind. 48. 193-94. 213 (1933). - Ref.C. 1933. II. 3777.

Die quantitative Bestimmung der löslichen Stärke in Gegenwart von Stärke und den hydrolytischen Spaltprodukten. J.Amer.Chem.Soc. 41. 107-12. (1919/1918). - Ref.C. 1919. IV. 47.

Einige Betrachtungen und Untersuchungen über lösliche Stärken. Witlich, M. Kunststoffe 2. 61-64 (1912). - W.Ref. 1159, C.A. 6. 2337 (1912).

34. Amylose und Amylopektin

341. Fraktionierung

(Vgl. auch "Fraktionierung": 74)

Untersuchungen mit einer Versuchsanlage über die Fraktionierung von Amylomaisstärke. Anderson, R.A., Pfeifer, V.F. und Sohns, V.E. Cereal Sci.today 9. 398-402, 418 (1964). - Ref.C. 1965. 39-2945.

Fraktionieren von Stärke. Hoffmann's Stärkefabriken Akt.-Ges. (Erfinder: Schmidt, M.). D.A.S. 1 165 510 Kl. 89k vom 12/2.1962., ausg.12/3.1964. - Ref.J.Chem.(russ.) 1965. 17 R293P, C. 1965. 3-2812, Stärke 17. 238 (1965).

Stärkefraktionierung. A.E. Staley Manufg. Co. (Erfinder: Etheridge, O.R., Wagoner, J.A., McDonald, J.W. und Lippincott, D.A.). A.P. 3 067 067 ausg.4/12.1962. - Ref.C.A. 58. 4723f (1963), Ref.J.Chem.(russ.) 1964. 15 R357, C. 1965. 35-2903.

Fraktionieren von Stärke, wie Maisstärke. A.E. Staley, Mfg. Co. (Erfinder: Etheridge, O.R., Wagoner, J.A., McDonald, J.W. und Lippincott, D.A.). D.A.S. 1 197 400 Kl. 89k vom 14/12.1960., ausg.22/7.1965. A.Prior. 13/1.1960, id.mit Port.P. 37 953 und Ind.P. 74 797. - Ref.C. 1966. 21-3249.

Fraktionieren von Stärke. A.E. Staley Mfg. Co. E.P. 923 240 vom 12/12.1960., ausg.10/4.1963. A.Prior. 13/1.1960., id.mit Port. P. 37 953. - Ref.C. 1964. 43-2768.

Fraktionieren von Stärke in Komponenten mit verzweigten und linearen Ketten. Coöperatieve Verkoop- en Productievereniging van Aardappelmeel en Derivaten "Avebe" G.A. (übert.von: Bus, W.C., Muetgeert, J. und Hiemstra, P.). A.P. 2 829 990 ausg.8/4.1958. - Ref.C.A. 52. 17768e (1958).

Fraktionieren von Stärke in Komponenten mit verzweigten und linearen Ketten. Coöperatieve Verkoop- en Productievereniging van Aardappelmeel en Derivaten "Avebe" G.A., übert.von: Bus, W.C., Muetgert, J. und Hiemstra, P. A.P. 2 829 988 ausg.8/4.1958. - Ref.C.A. 52. 14204i (1958).

Fraktionieren von Stärke. Coöperatieve Verkoop- en Productievereniging van Aardappelmeel en Derivaten "Avebe" G.A. (Erfinder: Bus, W.C., Hiemstra, P.). A.P. 2 829 987 vom 8/4.1958., id.mit D.B.P. 927 140 - Ref.C.A. 52. 13295c (1958).

Fraktionierung von Stärke in Komponenten mit verzweigten und linearen Ketten. Coöperatieve Verkoop- en Productievereniging van Aardappelmeel en Derivaten "Avebe" G.A. (Erfinder: Bus, W.C., Muetgeert, J. und Hiemstra, P.). A.P. 2 822 305 ausg.4/2.1958. - Ref.C.A. 52. 9635c (1958).

Trennung von Stärke in ihre Komponenten. Coöperatieve Verkoop- en Productievereniging van Aardappelmeel en Derivaten "Avebe" G.A. Holl.P. 87 534 ausg.15/2.1958. - Ref.C.A.53. 11867a (1959).

Fraktionieren von Stärke. Coöperatieve Verkoop- en Productievereniging van Aardappelmeel en Derivaten "Avebe" G.A. (Erfinder: Hiemstra,P., Bus, W.Ch. und Muetgeert, J.). Schwz.P. 333 789 vom

4/6.1956, ausg.15/12.1958. Holl.Prior.9/6.1953. Zusatz zu Schwz.P. 320 288. - Ref.C. 1958. 7355, C. 1960. 5027.

Fraktionieren von Stärke. Coöperatieve Verkoop- en Productievereniging van Aardappelmeel en Derivaten "Avebe" G.A. (Erfinder: Bus, W.C. und Muetgeert, J.). D.B.P. 928 100 vom 28/4.1955., id.mit F.P. 1 063 910. - Ref.Stärke 7. 97 (1955), C.A. 58.768c (1958).

Fraktionieren von Stärke. Coöperatieve Verkoop- en Productievereniging van Aardappelmeel en Derivaten "Avebe" G.A., übert.von: Bus, W.C., Muetgeert, J. und Hiemstra, P. A.P. 2 829 989 vom 3/6.1954, ausg.8/4.1958. Holl.Prior. 9/6.1953. - Ref.C.A. 52. 13295d (1958), C. 1960. 6352.

Fraktionieren von Stärke. Coöperatieve Verkoop- en Productievereniging van Aardappelmeel en Derivaten "Avebe" G.A. Ind.P. 52 085 vom 7/6.1954, ausg.18/2.1956., id.mit D.B.P. 946 338. - Ref.C. 1961. 3842.

Fraktionieren von Stärke. Coöperatieve Verkoop- en Productievereniging van Aardappelmeel en Derivaten "Avebe" G.A. Ind.P. 51 884 vom 12/5.1954, ausg.15/9.1955, id.mit D.B.P. 940 340. - Ref.C. 1961. 8145.

Fraktionieren von Stärke in Komponenten mit verzweigten und mit linearen Ketten. Coöperatieve Verkoop- en Productievereniging van Aardappelmeel en Derivaten "Avebe" G.A. (Erfinder: Bus,W.C., Muetgeert, J. und Hiemstra, P.). Aust.P. 204 102 vom 12/5.1954, ausg.13/12.1956. Holl.Prior. 15/5.1953., id.mit D.B.P. 940 340. - Ref.C. 1962. 1442.

Verfahren zur Fraktionierung von Stärke. Coöperatieve Verkoop- en Productievereniging van Aardappelmeel en Derivaten "Avebe" G.A. (Erfinder: Bus, W.Ch., Muetgeert, J. und Hiemstra, P.). Schwz. P. 332 041 vom 12/5.1954, ausg.30/9.1958. Holl.Prior. vom 15/5. 1953. Zusatz zum Schwz.P. 320 288.

Verfahren zur Fraktionierung von Stärke. Coöperatieve Verkoop- en Productievereniging van Aardappelmeel en Derivaten "Avebe" G.A. (Erfinder: Bus, W.C., Muetgeert, J. und Hiemstra, P.). Schwed. P. 161 511 Kl. 89k vom 9/6.1954, ausg.26/11.1957. Holl.Prior. vom 9/6.1953.

Verfahren zur Fraktionierung von Stärke. Coöperatieve Verkoop- en Productievereniging van Aardappelmeel en Derivaten "Avebe" G.A. (Erfinder: Bus, W.C., Muetgeert, J. und Hiemstra, P.). Schwed. P. 161 510 Kl. 89k vom 15/5.1954, ausg.26/11.1957. Holl.Prior. vom 15/5.1953.

Fraktionieren von Stärke. Coöperatieve Verkoop- en Productievereniging van Aardappelmeel en Derivaten "Avebe" G.A. Norw.P. 89 380 vom 13/5.1954, ausg.3/6.1957. Holl.Prior. 15/5.1953, Zusatz zu Norw.P. 89 352. - Ref.C. 1961. 8145.

Fraktionieren von Stärke. Coöperatieve Verkoop- en Productievereniging van Aardappelmeel en Derivaten "Avebe" G.A. E.P.779262 vom 10/6.1954. Holl.Prior. 10/6.1953. Zusatz P. zu E.P. 722 586 vom 12/12.1952.

Fraktionieren von Stärke. Coöperatieve Verkoop- en Productievereniging van Aardappelmeel en Derivaten "Avebe" G.A. E.P. 779 261 vom 9/6.1954. Holl.Prior. 9/6.1953. Zusatz P. zu E.P. 722 586 vom 12/12.1952.

341

Fraktionieren von Stärke. Coöperatieve Verkoop- en Productievereniging van Aardappelmeel en Derivaten "Avebe" G.A., übert.von: Cooperatief Aardappelmeel Verkoopbureau der Vereenigde Boerenfabrieken. F.P. 74 702 vom 9/6.1954, ausg.1/6.1961. Holl.Prior. 9/6.1953. Zus.zu F.P. 1 080 506, id.mit D.B.P. 946 338. - Ref. C. 1966. 11-3271.

Fraktionieren von Stärke. Coöperatieve Verkoop- en Productievereniging van Aardappelmeel en Derivaten "Avebe" G.A., übert.von: Cooperatief Aardappelmeel Verkoopbureau der Vereenigde Boerenfabrieken. F.P. 74 703 vom 10/6.1954, ausg.1/6.1961. Holl. Prior. 10/6.1953. Zusatz zu F.P. 1 080 506, id.mit D.B.P. 946 339. - Ref.C. 1966. 11-3272.

Fraktionieren von Stärke. Coöperatieve Verkoop- en Productievereniging van Aardappelmeel en Derivaten "Avebe" G.A., übert.von: Cooperatief Aardappelmeel Verkoopbureau der Vereenigde Boerenfabrieken. F.P. 74 704 vom 10/6.1954, ausg.1/6.1961. Holl. Prior. 10/6.1953. Zus.zu F.P. 1 080 506, id.mit D.B.P.946 340. - Ref.C. 1966. 11-3273.

Fraktionieren von Stärke. Coöperatieve Verkoop- en Productievereniging van Aardappelmeel en Derivaten "Avebe" G.A. F.P.67 133 vom 15/5.1954, ausg.22/11.1957. Holl.Prior. 15/5.1953. Zus. zu F.P. 1 080 506, id.mit D.B.P. 940 340. - Ref.C. 1962. 1442.

Fraktionieren von Stärke. Coöperatieve Verkoop- en Productievereniging van Aardappelmeel en Derivaten "Avebe" G.A. (Erfinder: Hiemstra, P., Bus, W.C. und Muetgeert, J.). D.B.P. 946 340 Kl. 89k vom 6/6.1954, ausg.16/8.1956. Holl.Prior. 10/6.1953. Zusatz zu D.B.P. 927 140, id.mit Holl.P. 98 156 und F.P.74 704. - Ref.C. 1957. 4261, C.A. 53. 7638g (1959).

Fraktionieren von Stärke mittels wässeriger Salzlösungen. Coöperatieve Verkoop- en Productievereniging van Aardappelmeel en Derivaten "Avebe" G.A. (Erfinder: Hiemstra, P., Bus, W.Ch. und Muetgeert, J.). D.B.P. 946 339 Kl. 89k vom 6/6.1954, ausg.26/7. 1956. Holl.Prior. 10/6.1953. Zusatz zu D.B.P. 927 140, id. mit Holl.P. 98 155 und F.P. 74 703. - Ref.C. 1957. 3971, C.A. 53. 7638f (1959).

Fraktionieren von Stärke mittels wässeriger Salzlösungen. Coöperatieve Verkoop- en Productievereniging van Aardappelmeel en Derivaten "Avebe" G.A. (Erfinder: Hiemstra, P., Bus, W.Ch. und Muetgeert, J.). D.B.P. 946 338 Kl. 89k vom 4/6.1954, ausg. 26/7.1956. Holl.Prior. 9/6.1953. Zusatz zu D.B.P. 927 140; id. mit Holl.P. 98 154 u. F.P. 74 702. - Ref.C. 1957. 3971, C.A.53. 7638b (1959).

Fraktionieren von Stärke. Coöperatieve Verkoop- en Productievereniging van Aardappelmeel en Derivaten "Avebe" G.A. (Erfinder: Bus, W.Ch., Muetgeert, J. und Hiemstra, P.). D.B.P. 940 340 Kl. 89k vom 13/5.1954, ausg. 15/3.1956. Holl.Prior. 15/5.1953. Zusatz zu D.B.P. 927 140, id.mit F.P. 67 133, F.P. 67 133, Aust.P. 204 102 u. Holl.P. 98 152. - Ref.Stärke 8. 65 (1956), C. 1957. 4838.

Trennung von Stärke in Bestandteile mit verzweigter und unverzweigter Kette. Coöperatieve Verkoop- en Productievereniging van Aardappelmeel en Derivaten "Avebe" G.A. Holl.P. 98 156 vom 10/6.1953, ausg.15/6.1961, id.mit D.B.P. 946 340. - Ref.C. 1962. 8097.

Trennung von abgebauter Stärke in Bestandteile mit verzweigter und unverzweigter Kette. Coöperatieve Verkoop- en Productievereniging van Aardappelmeel en Derivaten "Avebe" G.A. Holl.P. 98 155 vom 10/6.1953, ausg.15/6.1961, id.mit D.B.P. 946 339. - Ref.J.Chem.(russ.) 1962. 21 N208, C. 1962. 8097.

Trennung von Stärke in Bestandteile mit verzweigter und unverzweigter Kette. Coöperatieve Verkoop- en Productievereniging van Aardappelmeel en Derivaten "Avebe" G.A. Holl.P. 98 154 vom 9/6.1953, ausg.15/6.1961, id.mit D.B.P. 946 338. - Ref.J. Chem.(russ.) 1962. 12 N336, C. 1962. 8097.

Die Trennung der Stärkekomponenten in lineare und verzweigte Verbindungen. Coöperatieve Verkoop- en Productievereniging van Aardappelmeel en Derivaten "Avebe" G.A. Holl.P. 98 152 ausg. 15/5.1953, id.mit D.B.P. 940 340. - Ref C. 1962. 8097, C.A. 56. 1658f (1962).

Trennung von Stärke in Amylose und Amylopektin. American Sugar Refining Co., übert.von: S.M. Cantor, L.M. Township u. E.L. Wimmer. A.P. 2 779 692 vom 10/5.1952, ausg.29/1.1957. - Ref. C. 1957. 11170, C.A. 51. 8460i (1957).

Fraktionierung von Stärke. Coöperatieve Verkoop- en Productievereniging van Aardappelmeel en Derivaten "Avebe" G.A. (Erfinder: Bus, W.C. und Muetgeert, J.). Schwed.P. 168 524 Kl. 89k vom 19/6.1952, ausg.1/9.1959. Holl.Prior. vom 22/6.1951.

Fraktionieren von Stärke. Coöperatieve Verkoop- en Productievereniging van Aardappelmeel en Derivaten "Avebe" G.A. Schwed.P. 155 595 vom 12/12.1952, ausg.7/8.1956. Holl.Prior. 15/9.1951, id.mit D.B.P. 927 140. - Ref.C. 1961. 14126.

Fraktionieren von Stärke. Coöperatieve Verkoop- en Productievereniging van Aardappelmeel en Derivaten "Avebe" G.A. Norw.P. 89 352 vom 10/12.1952, ausg.27/5.1957, id.mit D.B.P. 927 140. Holl.Prior. 15/5.1953. - Ref.C. 1961. 8145.

Verfahren zur Fraktionierung von Stärke. Coöperatieve Verkoop- en Productievereniging van Aardappelmeel en Derivaten "Avebe" G.A. (Erfinder: Bus, W.Ch., Muetgeert, J. und Hiemstra, P.). Schwz. P. 320 288 vom 11/12.1952, ausg.31/5.1957. Holl.Prior. vom 15/12.1951.

Fraktionieren von Stärke. Coöperatieve Verkoop- en Productievereniging van Aardappelmeel en Derivaten "Avebe" G.A. (Erfinder: Bus, W.Ch., Muetgeert, J. und Hiemstra, P.). D.B.P. 927 140 Kl. 89k vom 13/12.1952, ausg.28/4.1955. Holl.Prior.15/12.1951. - Ref.C. 1955. 8988.

Fraktionieren von Stärke. Coöperatieve Verkoop- en Productievereniging van Aardappelmeel en Derivaten "Avebe" G.A. (Erfinder: Bus, W.C., Muetgeert, J. und Hiemstra, P.). E.P. 722 586 vom 12/12.1952, ausg.26/1.1955. Holl.Prior. 15/12.1951. - Ref.C. 1955. 8988.

Fraktionieren von Stärke. Coöperatieve Verkoop- en Productievereniging van Aardappelmeel en Derivaten "Avebe" G.A. (Erfinder: Bus, W.C., Muetgeert, J. und Hiemstra, P.). E.P. 713 899 vom 19/6.1952, ausg.18/8.1954. Holl.Prior. 22/6.1951. - - Ref.Stärke 7. 128 (1955), C.A. 49. 7880b (1955), C. 1955. 8988.

Fraktionierung von Stärke. Coöperatief Aardappelmeel-Verkoopbureau der Vereenigde Boerenfabrieken. F.P. 1 063 910 vom 23/6.1952, ausg.10/5.1954. Holl.Prior. 22/6.1951. - Ref.C. 1955. 1630.

Trennung von Stärke in einen hauptsächlich aus linearen und einen aus verzweigten Molekülen bestehenden Teil. Coöperatieve Verkoop- en Productievereniging van Aardappelmeel en Derivaten "Avebe" G.A. Holl.P. 78 328 vom 26/11.1952, ausg.15/6.1955. - Ref.C.A. 50. 6824e (1956), C. 1958. 13377.

Zerlegen von Stärke in ihre A- und B-Fraktion. Textile Research Institute (Erfinder: Pacsu, E. und Bauer, A.W.). A.P.2 779 694 vom 19/3.1952, ausg.29/1.1957. - Ref.C.A. 51. 8460f (1957).

Zerlegen von Stärke in ihre A- und B-Fraktion. Textile Research Institute (Erfinder: Pacsu, E. und Bauer, A.W.). A.P.2 779 693 vom 7/3.1952, ausg.29/1.1957. - Ref.C.A. 51. 8459i (1957).

Fraktionieren von Stärke. Cooperatief Aardappelmeel Verkoopbureau der Vereenigde Boerenfabrieken. It.P. 515 604 vom 13/12.1952. - Ref.C. 1962. 4373.

Trennung von Stärke in Bestandteile mit verzweigter und unverzweigter Kette. Coöperatieve Verkoop- en Productievereniging van Aardappelmeel en Derivaten "Avebe" G.A. Holl.P. 96 139 vom 15/12.1951 , ausg.15/11.1960. - Ref.J.Chem.(russ.) 1962. 9 N341, C.A. 56. 14519c (1962), C. 1962. 2569.

Fraktionierung von Stärke. Mij. voor Kolenbewerking Stamicarbon, N.V. Schwz.P. 289 673 vom 16/1.1950, ausg.1/7.1953. Holl. Prior. vom 15/1.1949.

Scheidung von Stärkekomponenten. Haworth, Walter N. und Peat, Stanley. Brit.P. 590 750 ausg.28/7.1947. - Ref.Stärke 2. 305. (1950), C.A. 44. 7576 (1950).

Fraktionieren von Stärke in A- und B-Fraktionen. Corn Products Refining Co., Übert.von: Th.J. Schoch. A.P. 2 515 095 vom 15/5.1947 u. 2 515 096 vom 17/5.1947, beide ausg.11/7.1950. - Ref.C. 1951. I. 1539.

Herstellung von Amylopektin und Amylose bzw. Maltose aus Stärke. Ling, A.R. und Nanji, D.R. E.P. 217 770 vom 28/6.1923, ausg. 17/7.1924. - Ref.C. 1924. II. 2619.

342. Amylose

(Auch Amyloselösungen. Vgl. auch "Amylose": 75)

Reinigung von Amylose. A.E. Staley Manufg. Co. Holl.P.6 411 642 ausg.12/4.1965. A.Prior. 9/10.1963. - Ref.C.A. 63. 14968b (1965).

Reinigung von retrogradierter Amylose. A.E. Staley Manufg.Co. Holl.P. 6 407 279 ausg.29/12.1964., A.Prior. 28/6.1963. - Ref. C.A. 62. 16494d (1965).

Herstellung von kaltwasserlöslicher Amylose. General Foods Corp. (Erfinder: Sarko, A., Zeitlin, B.R. und Germino, F.J.). A.P. 3 086 890 ausg.23/4.1963. - Ref.C.A.(M.) 59. 1829c (1963), Ref. J.Chem.(russ.) 1965. 3 R312, C. 1965. 9-2871, Stärke 17. 360 (1965).

Amylose-Suspensionen. A.E. Staley Manufg. Co. Belg.P. 609 702 vom 27/4.1962., A.Prior. 27/10.1960. - Ref.C.A. 57. 10086e (1962).

In Wasser dispergierbare Amylose. General Foods Corp. (Erfinder: Zeitlin, B.R., Sarko, A. und Germino, F.J.). A.P. 3 128 208 vom 24/10.1961., ausg.7/4.1964. - Ref.J.Chem.(russ.) 1965. 15 R288.

Gewinnung von Amylose aus Stärke. A.E. Staley Mfg. Co. Ind.P. 74 797 vom 5/1.1961., id.mit Port.P. 37 953. - Ref.C. 1965. 2-2936.

Gewinnung von Amylose aus Stärke. A.E. Staley Mfg. Co. Port.P. 37 953 vom 5/1.1961. Auszug veröff.29/3.1961. A.Prior.13/1.1960, id.mit E.P. 923 240, Ind.P. 74 797, D.A.S. 1 197 400. - Ref.C. 1962. 12867.

Aktivierung von Amylose. American Maschinery and Foundry Comp. (Erfinder: Germino, F.J. und Moshy, R.J.). A.P. 3 188 237 vom 29/12.1960., ausg.8/6.1965. - Ref. Stärke 18. 158 (1966), C.A. 63. 4502d (1965).

Aktivierung von Amylose. American Machine and Foundry Comp. A.P. 3 184 335 vom 29/12.1960., ausg.18/5.1965. - Ref.Stärke 17. 360 (1965).

Gewinnung von Amylose aus hochamylosiger Maisstärke. U.S.Dept.of Agriculture (Erfinder: Montgomery, E.M. und Sexson, K.R.). A.P. 3 046 161 vom 21/4.1960., ausg.24/7.1962. - Ref.C.A. 57. 11440f (1962), Stärke 16. 170 (1964), C. 1965. 32-2931.

Lösliche Amylose. General Foods Corp. (Erfinder: Germino, F.J., Zeitlin, B.R. und Sarko, A.). A.P. 3 128 209 vom 6/10.1959., ausg.7/4.1964. - Ref.J.Chem.(russ.) 1965. 15 R291.

Herstellung von Amyloselösungen. Vaessen-Schoemaker Holding N.V. E.P. 902 336 vom 28/1.1959., ausg.1/8.1962. Holl.Prior.29/1. 1958., id.mit Holl.P. 98 574. - Ref.C. 1963. 15633.

Herstellung von Amyloselösungen. Vaessen-Schoemaker (France) S.à r.l., übertr.von: Vaessen-Schoemaker Holding N.V. (Erfinder: Dekker, A.). F.P. 1 214 639 vom 27/1.1959., ausg.11/4.1960. Holl.Prior. 29/1.1958. - Ref.C. 1963. 12630.

Amyloselösungen. Vasco Industries Corp. (Erfinder: Dekker, A.). A.P. 2 999 032 vom 27/1.1959. - Ref.C.A. 56. 2626c (1962).

Herstellung wässriger Amyloselösungen hoher Konzentration.Vaessen-Schoemaker Holding N.V. (Erfinder: Dekker, A.). Aust.P. 231 807 vom 23/1.1959., ausg.2/2.1961; id.mit Holl.P. 98 574. Ref.C. 1963. 8366.

Herstellung von wässrigen Amyloselösungen. Vaessen-Schoemaker Holding N.V. Ind.P. 66 471 vom 20/1.1959., ausg.11/2.1961., id. mit Holl.P. 98 574. - Ref.C. 1963. 14133.

Herstellung wässriger Amyloselösungen hoher Konzentration.Vaessen-Schoemaker Holding N.V. (Erfinder: Dekker, A.). Holl.P.98 574 vom 29/1.1958., ausg.17/7.1961., id.mit Aust.P. 231 807, Ind.P. 66 471, E.P. 902 336. - Ref.J.Chem.(russ.) 1962. 9 N342, C.1963. 8366.

Ein Verfahren zur Gewinnung einer großen Menge von adsorbierte Amylose enthaltender Stärke. Kasabo, T., Kotaka, T. und Ono, M. Japan.P. 15 437(60') vom 26/7.1958., ausg.15/10.1960. - Ref.J. Chem.(russ.) 1965. 4 R328.

Herstellung von Amyloselösungen. Nederlandse-Organisatie voor Toegepast Centrale Natuurwetenschappelijk Onderzoek. Belg.P. 556 192 vom 27/3.1957, ausg.26/2.1960. Holl.Prior. 29/3.1956, id.mit F.P. 1 170 003. - Ref.C. 1960. 15931.

Verfahren zur Herstellung von stabilen Amyloselösungen. Coöperatieve Verkoop- en Productievereniging van Aardappelmeel en Derivaten "Avebe" G.A. E.P. 822 587 vom 25/3.1957., ausg.28/10. 1959. A.Prior. 29/3.1956. - Ref.C. 1961. 11920, Stärke 14. 383 (1962).

Herstellung von Amyloselösungen. Nederlandse Organisatie voor Toegepast-Natuurwetenschappelijk Onderzoek ten Behoeve van Nijverheid, Handel en Verkeer. F.P. 1 170 003 vom 25/3.1957., ausg.8/1.1959. Holl.Prior. 29/3.1956., id.mit Belg.P. 556 192. - Ref.C. 1962. 7733.

Verfahren zur Herstellung von Amyloselösungen. It.P. 569 515 vom 7/3.1957.

Gewinnung von Amylose aus Stärke. Coöperatieve Verkoop- en Productievereniging van Aardappelmeel en Derivaten "Avebe" G.A. N.P. 88 570 vom 21/6.1952, ausg.7/1.1957. Holl.Prior. 22/6. 1951, id.mit A.P. 2 803 568. - Ref.C. 1960. 11848.

Gewinnung von Amylose aus Stärke. Coöperatieve Verkoop- en Productievereniging van Aardappelmeel en Derivaten "Avebe" G.A., übert.von: Bus, W.C. und Muetgeert, J. A.P. 2 803 568 vom 12/6.1952, ausg.20/8.1957. Holl.Prior. 22/6.1951. - Ref.C. 1959. 2984.

343. Amylopektin

(Vgl. auch "Fraktionierung der Stärke": 74, "Amylopektin": 76)

Herstellung von Amylopektin-Stärken in Australien. Knight, J.W. Food Technol.Austral. 15. 740-42, 747 (1963). - Ref.J.Chem. (russ.) 1964. 20 R 290.

Verzweigtkettige Kohlenhydrat-Polymere. Mora, P.T. und Paosu, E. A.P. 2 719 179 vom 27/9.1955. - Ref.C.A. 50. 6823e (1956)

35. Sonstige modifizierte Stärken

351. Puddingmehl, Speisestärken

3511. Fragen der Herstellung

(Vgl. auch "Quellstärke": 32, 831, "Puddings, Nachspeisen": 4124)

Ausarbeitung einer Technologie für die Gewinnung von modifizierter Stärke für Speisezwecke. Schtyrkowa, J.A. Arb.zentr.wiss. Forsch.-Inst.Stärke-Sirup-Ind.(russ.) 4. 8-14 (1960) - Ref.J. Chem.(russ.) 1961. 19 N201, Stärke 14. 190 (1962).

Zur Frage der Organisation der Produktion von Puddingpulvern (Konzentrat) in Stärkefabriken. Ssinelnikow, I.D. Zucker-Ind. (russ.) 34. Nr.9 62-64 (1960). - Ref.J.Chem.(russ.) 1961. 8 N 357, Stärke 13. 148 (1961), C. 1964. 14-2667.

Produktion von Puddingmehl (Puddingstärke) aus Kartoffelstärke. Schtyrkowa, J.A. Zucker-Ind.(russ.) 34. Nr.9 59-61 (1960). - Ref.J.Chem.(russ.) 1961. 9 N377, Stärke 13. 147 (1961), C. 1964. 14-2668.

Die fabrikmäßige Herstellung von Puddingmehl. Hönsch, W. Stärke 2. 233-35. (1950). - Ref.C. 1951. I. 944.

3512. Patente

Puddingpulver zum Kaltansatz. General Foods Corp. E.P. 741 076 vom 6/11.1953, ausg.23/11.1955. A.Prior. 9/4.1953. - Ref.C.1957. 286

Herstellung von Kaltpuddingstärke, vorzugsweise aus Weizenstärke. Ludewig, H., Schubert, E., Ruhig, H. u. Gebler, J. D.P. (DDR) 9 670 Kl. 53k vom 22/10.1953, ausg.21/4.1955 (Wirtschaftspatent). - Ref.C. 1956. 14212.

Kaltquellbares Stärkepulver. Seck, W. F.P. 1 039 563 vom 18/10. 1950, ausg.8/10.1953. Schwz.Prior. 24/10.1949. - Ref.C. 1955. 1637.

Herstellung von kaltquellendem Stärkepuder. Seck, W. E.P.706 622 vom 20/10.1950.

Stärkepräparat. American Home Foods, Inc. E.P. 688 220 vom 17/3. 1950, ausg.4/3.1953. - Ref.C. 1953. 9021.

Puddingpulver für Kaltansatz. American Home Foods, Inc., übert. von: H.C. Hinz Jr., G.R. Schermerhorn sr., F.L. Dorn. A.P. 2 500 179 vom 10/12.1948, ausg.14/3.1950. - Ref.C. 1951. I.407.

Fruchtsäfte oder Essenzen enthaltende Puddingpulver. Rührup, G.A. F.P. 973 062 vom 6/10.1948, ausg.7/2.1951. - Ref.C. 1952. 1099.

Speisestärke. Deutsche Maizena Werke G.m.b.H. (Erfinder: G. Helmrich). D.B.P. 856 260 Kl. 53k vom 30/10.1947, ausg.20/11.1952. - Ref.C. 1953. 8739.

Verfahren zur Herstellung von Puddingpulver. Rührup, G.A. D.B.P. 814 388 Kl. 89k vom 19/7.1947, ausg.20/9.1951. Holl.Prior.25/3. 1946.

Tapioka-Puddingstärke. General Foods Corp., übert.von: Aksel G. Olsen. A.P. 2 508 533 vom 9/8.1945, ausg.23/5.1950. - Ref.C. 1951. II. 1221.

Herstellung von Puddingstärke. Forschungsgemeinschaft Dr.Kremers G.m.b.H. F.P. 884 207 vom 16/7.1942, ausg.6/8.1943. D.Prior. 23/7.1941. - Ref.C. 1944. I. 967.

Herstellung von Puddingpulver. Forschungsgemeinschaft Dr.Kremers G.m.b.H. Belg.P. 446 391 vom 10/7.1942, ausg.7/5.1943. D.Prior. 23/7.1941. - Ref.C. 1943. II. 2022.

Verfahren für die Herstellung eines Produkts zur Bereitung von Puddingen und dgl. Produkten. Forschungsgemeinschaft Dr. Kremers G.m.b.H. Holl.P. 57 745 Kl. 53 k vom 8/7.1942, ausg.16/1. 1946. D.Prior. vom 23/7.1941.

Herstellung von Puddingstärke aus nativer Kartoffelstärke. Hoffmann's Stärkefabriken A.-G. (Erfinder: H. Ritter). D.P. (DDR) 6 929 Kl. 53k vom 15/6.1941, ausg.20/3.1954 (Ausschließungspatent). Zusatz zu D.R.P. 741 268. - Ref.C. 1956. 14527.

Verfahren zur Herstellung von Puddingstärke aus Kartoffelstärke. Wirtschaftliche Vereinigung Deutscher Stärkefabriken. D.R.P. 739 632 vom 29/6.1939, ausg.30/9.1943.

Herstellung von Puddingpulver. Salzburg, A.A. E.P. 515 351 vom 25/5. u.25/10.1938, ausg.28/12.1939. - Ref.C. 1941. I. 2465.

Puddingstärkegewinnung durch Behandlung von Kartoffelstärke. Deutsche Maizena G.m.b.H. It.P. 373 681 vom 11/10.1938, D.Prior. 29/10.1937. - Ref.C. 1940. II. 970.

Verfahren für die Herstellung von Puddingmehl aus Kartoffelmehl mit Hilfe von Wasserstoffsuperoxyd. Deutsche Maizena G.m.b.H. Holl.P. 56 195 Kl. 89k vom 10/10.1938, ausg.15/5.1941. D.Prior. vom 29/10.1937, id.mit D.R.P. 689 902.

Herstellung von Puddingstärke aus nativer Kartoffelstärke. (I). Hoffmann's Stärkefabriken AG. (Erfinder: H. Ritter). D.R.P. 741 268 Kl.53k vom 14/8.1938, ausg.8/11.1943. - Ref.C. 1944. I. 710.

Herstellung von Puddingstärke. Gerstle, H. und Salzburg, A.A. E.P. 488 683 vom 9/9.1937, ausg.11/8.1938. - Ref.C. 1938. II. 3331.

Verfahren zur Herstellung von Puddingpulvern. F. Sichel A.-G. D.R.P. 728 982 vom 21.10.1936, ausg.8/12.1942. - Ref.C. 1943. I. 1834.

Verbesserung von aufgeschlossenen Stärkeprodukten aus reiner Stärke. Huber, A. D.R.P. 662 088 Kl. 89k vom 7/2.1935, ausg. 5/7.1938. - Ref.C. 1938. II. 2359.

Umwandlung von höchstens 50 % Feuchtigkeit enthaltender Kartoffelstärke in Puddingstärke. Stärkefabrik Naugard, eGmbH. Naugard (Erfinder: Parlow, A.). D.R.P. 710 439 Kl.53k vom 8/6.1933, ausg.13/9.1941. - Ref.C. 1941. II. 3258.

Herstellung einer kalt quellenden Puddingstärke. Wirtschaftliche Vereinigung Deutscher Stärke-Industrien in Liquidation, Berlin. D.R.P. 670 469 Kl. 53k vom 19/10.1933, ausg.23/2.1939. - Ref.C. 1939. I. 4132.

Puddingmehl. Scholten's Aardappelmeelfabrieken, N.V.W.A. Zuidbroe. Holl.P. 39 116 vom 20/5.1933, ausg.15/9.1936. D.Prior.24/5.1932. - Ref.C. 1937. I. 2694.

Herstellung von Puddingstärke durch Abbau von Kartoffelstärke. Stärkefabrik Naugard, eGmbH. Naugard (Erfinder: Parlow,A.). D.R.P. 738 909 Kl. 53k vom 27/8.1943, ausg.7/9.1943. -Ref.C. 1944. I. 327.

Herstellung von Puddingstärke aus Kartoffelmehl.Interessengemeinschaft Deutscher Kartoffelstärke-Industrien GmbH. Poln.P.21 695 vom 14/11.1933, ausg.3/8.1935. D.Prior.24/5., 29/7., 9/8., 14/10. u.8/11.1932. - Ref.C. 1937. I. 2493.

Herstellung von Speisestärke aus Kartoffelstärke. Stärkefabrik Kyritz GmbH. D.R.P. 706 314 Kl. 53k vom 10/8.1932, ausg.23/5. 1941. - Ref.C. 1941. II. 1219.

Gewinnung von Puddingstärke. Mitteldeutsches Maiswerk Zerbst, Zweigfabrik der Firma J.A. Dietzold (Erfinder: G. Endler). D.R.P. 689 902 Kl. 53k vom 9/1.1932, ausg.8/4.1940. - Ref.C. 1940. II. 281.

Verfahren zur Herstellung von Puddingstärke aus Kartoffelstärke. Wirtschaftliche Vereinigung Deutscher Stärkefabriken. D.R.P. 739 716 vom 22/3.1932, ausg.2/10.1943.

Gewinnung von Puddingstärke. Wirtschaftliche Vereinigung Deutscher Stärke-Industrien. D.R.P. 676 107 Kl. 53k vom 30/7.1932, ausg. 26/5.1939. - Ref.C. 1939. II. 1186.

Gewinnung von Puddingstärke aus Kartoffelstärke. Wirtschaftliche Vereinigung Deutscher Stärke-Industrien i.L. D.R.P.642 375 Kl. 53k vom 25/5.1932, ausg.2/3.1937. - Ref.C. 1937. I. 3891.

Umwandlung von Kartoffelstärke in Puddingstärke. Stärkefabrik Naugard eGmbH. (Erfinder: Parlow, A.). D.R.P. 629 798 Kl. 53k vom 30/6.1931, ausg.14/5.1936. - Ref.C. 1936. II. 2626.

Verfahren zur Herstellung von Puddingstärke aus Kartoffelstärke durch Erhitzen. Stärkefabrik Naugard eGmbH. (Erfinder: Parlow, A.). D.R.P. 619 984 vom 11/3.1931, ausg.11/10.1935. - Ref.C. 1936. I. 5550.

Puddingstärke aus Kartoffelstärke. Stärkefabrik Naugard eGmbH. (Erfinder: Parlow, A.). D.R.P. 637 245 Kl. 53k vom 16/12.1931, ausg.24/10.1936. Zusatz zu D.R.P. 629 798. - Ref.C. 1937. I. 2694.

Herstellung von Speisestärke. Stärkefabrik Naugard eGmbH. (Erfinder: Parlow, A.). D.R.P. 725 967 Kl. 53k vom 8/12.1931, ausg. 3/10.1942. - Ref.C. 1943. I. 104.

Verbesserung von Kartoffelstärke. Parlow, A. F.P. 724 152 vom 1/10.1931, ausg.22/4.1932. - Ref.C. 1932. II. 1246.

Herstellung von Speisestärke. Wirtschaftliche Vereinigung deutscher Stärke-Industrien D.R.P. 682 122 Kl. 53k vom 22/5.1931, ausg.7/10.1939. - Ref.C. 1940. I. 474.

Puddingpulver. Fuchs, W. D.R.P. 573 374 Kl. 53k vom 21/7.1931, ausg.31/3.1933. - Ref.C. 1933. I. 3841.

Herstellung eines zur Bereitung von Pudding geeigneten Kartoffelmehles. Schulz, A. und Parlow, A. F.P. 718 888 vom 19/6.1931, ausg.29/1.1932. D.Prior. 28/6.1930. - Ref.C. 1932. I. 2783.

Puddingstärke. Royal Baking Powder Co., übert.von: W.E. Stokes. A.P. 1 939 236 vom 5/12.1930, ausg.12/12.1933. - Ref.C. 1934. II. 533.

Puddingstärke. Sprockhoff, M. D.R.P. 618 265 Kl. 53k vom 14/6. 1929, ausg.4/9.1935. - Ref.C. 1936. I. 2856.

Geschmacksverbesserung von Kartoffelstärke zwecks Herstellung einer rein schmeckenden Speisestärke. Hildebrandt, C.F. GmbH. D.R.P. 345 081 vom 1/10.1926, ausg.3/3.1932. - Ref.C. 1932. I. 2521.

Verfahren zur Herstellung von Puddingpulver in Tablettenform oder dgl. Polak, E. D.R.P. 339 619 Kl. 53k vom 2/4.1919, ausg. 29/7.1921.

3513. Eigenschaften, Untersuchung

Herstellung und Eigenschaften von Speisestärke. Aszalós, A. Elelmezési Ipar (Verpflegungs-Ind.) 8. 180-81 (1954). - Ref.C. 1956. 14517.

Der Zustand der Milch in seiner Auswirkung auf das Dickungsvermögen von Stärken. Dörner, H. Stärke 3. 191-93 (1951). - Ref.C. 1953. 3654.

Verbessertes Verfahren zur Bewertung von Stärke für besondere Zwecke. Campbell, H.A., Hollis,F. und MacAllister, R.V. Food Technol. 4. 492-96 (1950).

Puddingpulver und ähnliche Stärkeerzeugnisse. Zusammensetzung, Herstellung, Kennzeichnung und Lagerung der verschiedenen Arten von Puddingpulver und ähnlichen Stärkeerzeugnissen. Schiller,K. Stärke 2. 10-14 (1950). - Ref.C. 1950. II. 833.

Verzögerung der Wasseraufnahme trockener Puddingmischungen. Hinz, Jun., H.C., Schermerhorn, G.R. u.Dorn, F.L., übert.an:American Home Food Inc. A.P. 2 554 143 vom 13/12.1949, ausg.22/5.1951. - Ref.Stärke 4. 12 (1952).

Aktuelle Fragen bei Puddingpulver. Becker, G. Veröff. der Arbeitsgemeinschaft Getreideforsch. eV., Detmold 1947. 4. 69.71.

Über die Aromatisierung von Speisemehlen aus Kartoffelstärke. Kröner, W. Forschungsdienst 6. 294-300 (1938). - Ref.C. 1939. I. 1089.

Über den Geschmack und die Lagerfähigkeit aromatischer Puddingmehle aus Kartoffelstärke. Kröner, W. Z.Spiritusind. 61. 29-30. 37-38. Febr.1938. - Ref.C. 1938. I. 4730.

352. Kleister und Pasten

(Auch vorverkleisterte Stärke, mit kaltem Wasser verkleisterte Stärke. Vgl. auch "Stärke-Kleister, -Gele": 85)

Nichterstarrende Getreidestärkekleister. A.E. Staley Manufg. Co. (Erfinder: McDonald, J.W., Grosse, E.H. und Etheridge, O.R.). A.P. 3 103 451 ausg.10/9.1963. - Ref.C.A. 59. 13002h (1963), C. 1965. 33-2940.

Stärkekleister mit ausreichender Stabilität und Klebeigenschaften. Watanabe, H. Japan.P. 14 488 ('63) ausg.9/8.1963. - Ref.C.A. 59. 14186b (1963), Ref.J.Chem.(russ.) 1965. 22 R 340.

Homogene Stärkekleister. A.E. Staley Manufg. Co. (Erfinder: Protzmann, T.F. und Wagoner, J.A.). Belg.P. 615 950 ausg.3/10. 1962. A.Prior. 3/4.1961. - Ref.C.A. 58. 10387b (1963).

Verkleisterung von Stärke. Escher Wyss GmbH. (Erfinder: Maurer, H.W. und Kurz, A.W.). D.A.S. 1 189 030 vom 5/7.1962., ausg. 11/3.1965. - Ref.C.A. 62. 16494h (1965).

Methode zur Behandlung von Stärke mit Dampf. Penick and Ford,Ltd. (Erfinder: Winfrey, V.L. und Black, W.C.). A.P. 3 133 836 vom 26/3.1962., ausg.19/5.1964. - Ref.J.Chem.(russ.) 1965. 22 R338.

Der Gewinnungsprozeß einer wasserlöslichen Stärkepaste. Tsuda, M. Japan.P. 11 136 (61') ausg.20/7.1961. - Ref.J.Chem.(russ.) 1963. 14 R264.

Verfahren zur Verkleisterung von Stärke. Hollô, J., László, E. und Szejtli, J. Szeszipar (Spiritus-Ind., Budapest) 1960. 21-24. - Ref.J.Chem.(russ.) 1961. 9 N374.

Stabile, nicht gelbildende und als Kleister verwendbare modifizierte Weizenstärke. Ogilvie Fluor Mills Co., Ltd. (Erfinder: Barton, A.M., Guise, C.P. de und Gaver, K.M.). Canad.P. 650 160 vom 12/7.1960., ausg.9/10.1962. A.Prior. 13/7.1959. - Ref.C. 1965. 45-3242.

Verhinderung der Alterung von Stärkepaste. Fuokiko Kogyo Kabushiki Kaisha (Erfinder: Adachi, M.). Japan.A.S. 18 735/1960 vom 17/3.1959., ausg.28/12.1960. - Ref.C. 1963. 10691.

Verfahren zur Herstellung von Kleistern aus Tapiokastärke und automatischer kontinuierlicher Kocher zur Verarbeitung dieses Produkts. Pierre - Marius Perrin. F.P. 1 203 871 ausg.21/1.1960. - Ref.J.Chem.(russ.) 1961. Nr. 7 N361.

Verkleisterte Stärken. Duintjer Wilkens Meihuizen & Co. N.V. E.P. 813 500 vom 21/5.1959. - Ref.C.A. 53. 18523c (1959), C.1962. 682.

Verfahren zur Herstellung von verkleisterten Stärken. Duintjer Wilkens Meihuizen & Co. N.V. D.A.S. 1 062 674 Kl. 89k vom 19/10.1959.

Plastifizieren von Stärkekleister. Sci. Research Inst.Cotton Ind., (Schiker, M.G. u. Rybkina, L.A.). J.angew.Chem.(russ.) 31. 315-19 (1958). - Ref.C.A. 52. 11450f (1958).

Herstellung vorverkleisterter Stärke unter Anwendung eines Agens. Corn Products Co. (Erfinder: Korth, J.A.). A.P. 2 884 346 vom 24/12.1957, ausg.28/4.1959. - Ref.C.A. 53. 12719b (1959), Ref. J.Chem.(russ.) 1960. 40506, Stärke 12. 340 (1960).

Verkleisterung und Trocknung von Stärke. Duintjer Wilkens Meihuizen & Co. N.V. (Erfinder: Nieuwenhuyzen, L.J. van). A.P. 2 974 069 vom 23/10.1957., ausg.7/3.1961. Holl.Prior.24/10.1956, id.mit D.A.S. 1 062 190. - Ref.C. 1962. 6240.

Verkleisterung und Trocknung von Stärke. Duintjer Wilkens Meihuizen & Co. N.V. (Erfinder: Nieuwenhuyzen, L.J. van). D.A.S. 1 062 190 Kl. 89k vom 19/10.1957, veröff. 23/7.1959. Holl. Prior. 24/10.1956. - Ref.C. 1960. 6002, Stärke 12. 189 (1960), C.A. 55. 14952f (1961).

Die Herstellung von wasserlöslichem Stärkekleister. Ssumiki, Yusuke und Choritzu, K. Japan.P. 6 806 ('58) vom 20/1.1956., ausg.19/8.1958. - Ref.J.Chem.(russ.) 1964. 13 R386.

Verfahren zum Herstellen eines Quellmittels für Stärkekleister. Herth, H. Schwz.P. 346 858 vom 3/10.1956., ausg.30/7.1960.

Eine neue vorverkleisterte Stärke. Millar, R.J.B. Paper Trade Rev. 143. 1995-96, 1998 (1955). - Ref.C.A. 50. 6790d (1956).

Stärkekleister. Yamane, A. Japan.P. 237 ('53) vom 21/1.1953. - Ref.Stärke 6. 54 (1954), C.A. 48. 1040b (1954).

Verkleisterung von Stärke. Staley, A.E., Mfg. Co., übert.von: Etheridge, O.R. A.P. 2 805 966 vom 19/2.1953., ausg.10/9.1957. - Ref.C. 1959. 2985.

Stärkekleister. American Cyanamid Co. (Erfinder: Studeny, J.). Schwed.P. 134 094 Kl. 89k vom 26/4.1949, ausg.27/12.1951. A.Prior. vom 5/5.1948, id.mit A.P. 2 566 861 u. E.P. 669 202.

Stärkekleister. American Cyanamid Co. (Erfinder: J. Studeny). Schwed.P. 134 275 Kl. 89k vom 26/4.1949, ausg.15/1.1952. A.Prior. 5/5.1948, id.mit A.P. 2 566 862 u. E.P. 669 203. - Ref.C. 1953. 4475.

Siebvorrichtung zum Filtrieren von dünnen Stärkekleistern. Aktiebolaget Separator. D.B.P. 821 337 Kl. 12d vom 6/6.1949, ausg.15/11.1951. Schwed.Prior. vom 8/6.1949. - Ref.C.A. 48. 1720e (1954).

Herstellung von Stärkepasten. Girdler, Corp. E.P. 649 324 vom 20/5.1947, ausg.24/1.1951. A.Prior. 3/6.1946. - Ref.C. 1953. 3966.

Herstellung von Stärkekleister. National Cylinder Gas Co., übert. von: Miller, B.D. Canad.P. 501 681 vom 13/3.1947, ausg.20/4. 1954. A.Prior. 3/6.1946. - Ref.C. 1950/54. 2902 S.

Herstellung von Stärkekleister. Miller, B.D., übert.an: Girdler, Co. A.P. 2 481 436 vom 3/6.1946, ausg.6/9.1949. - Ref.C. 1949. E. 1643, Stärke 3. 307 (1950).

Verfahren zur Herstellung von Stärkepaste. Staley, A.E. Mfg. Co., übert.von: James, P. A.P. 2 472 790 vom 20/4.1946, ausg.14/6. 1949. - Ref.C. 1950. I. 1794.

Verkleisterte Stärke bzw. ein verkleistertes Stärkederivat enthaltende Produkte. Scholten's Chemische Fabrieken, N.V.W.A. (Erfinder: J. Lolkema u.W.A. van der Meer). Schwz.P. 270 527 vom 25/3.1946, ausg.1/12.1950. Holl.Prior.18/8.1944. - Ref.C. 1951. II. 1369.

Herstellung eines trockenen körnigen Stärkeerzeugnisses zur Herstellung eines homogenen Stärkekleisters. Staley, A.E. Mfg., übert.von: Gill, Lowell, O. u. Mc.Donald, J.W. A.P.2 407 071 vom 12/11.1943, ausg.3/9.1946. - Ref.C. 1947. 285.

Stabilisieren von Stärkepasten. Röhm u. Haas Co., übert.von: Glarum, S. u. Thomas, J.J. A.P. 2 400 820 vom 20/10.1942, ausg. 21/5.1946. - Ref.C. 1947. 815.

Stärkeprodukt aus Kartoffelstärke. Diamalt A.-G. (Erfinder: W. Jülicher u. O. Appelt). D.B.P. 762 216 Kl. 89k vom 11/7.1942, ausg.6/3.1952. - Ref.C. 1953. 4475.

Stabilisierung teilweise hydrolysierter Stärkepasten. Röhm & Haas Co. (Erfinder: Glarum, S.N. und Thomas, J.J.). A.P. 2 302 310 vom 19/10.1939, ausg.17/11.1942.

Die Verkleisterung der Gerstenmalzstärke. Heintz, L. Schweiz. Brauerei Rdsch. 50. 210-13 (1939). - Ref.C. 1939. II. 4608.

Stabilisieren von Stärkepasten mit wasserlöslichen Harnstoff-Formaldehyd-Kondensationsprodukten. Röhm & Haas Co., übert.von: S.N. Glarum u. J.J. Thomas. A.P. 2 302 309 vom 19/10.1939, ausg.17/11.1942. - Ref.C. 1946. I. 2312.

Stabilisierung von stärkehaltigen Pasten. Stein-Hall & Co., Inc. (Erfinder: Caesar, G.V.). A.P. 2 283 044 vom 8/9.1939, ausg. 12/5.1942.

Verfahren für die Herstellung von wasserfestem Kleister nebst dem laut Verfahren hergestellten Produkt. Svensson, G.R. Schwed.P. 99 617 Kl. 89k vom 20/4.1939, ausg.13/8.1940.

Behandlung von Stärke. Corn Products Refining Co. (Erfinder: A.Ch. Horesi. D.R.P. 716 339 Kl. 89k vom 4/4.1939, ausg.17/1.1942. - Ref.C. 1942. I. 2466.

Herstellung von Stärkekleister. Distillers Co. Ltd., u. P.D. Coppock. E.P. 506 501 vom 23/9.1938, ausg.29/6.1939. - Ref.C. 1939. II. 3498.

Herstellung einer Stärkepaste. American Maize-Products Co., übert. von: Walsh, J.F. u. Morgan, W.L.). A.P. 2 170 271 u. 2 170 272 vom 5/3.1938, ausg.22/8.1939. - Ref.C. 1940. I. 2727.

Verkleistern von Stärkematerial. Bowen, W.S. E.P. 491 569 vom 3/3.1937, ausg.29/9.1938. - Ref.C. 1939. I. 1087.

Herstellung von wässeriger Stärkepaste. Distillers Co., Ltd., u. P.D. Coppock. E.P. 487 199 vom 13/10.1937, ausg.14/7.1938. - Ref.C. 1938. II. 3331.

Erniedrigung der Zähflüssigkeit von Stärkekleistern. Seck, W. E.P. 464 606 vom 27/5.1936, ausg.20/5.1937. - Ref.C. 1937. II. 1684.

Erniedrigung der Zähflüssigkeit von Stärkekleistern. Seck, W. F.P. 799 035 vom 11/12.1935, ausg.30/5.1936. D.Prior. 1/6.1935. - Ref.C. 1936. II. 2032.

Herstellung von Stärkekleister. Perkins Glue Co., Delaware, übert. von: G.G. Pierson. A.P. 2 023 973 vom 4/10.1934, ausg.10/12. 1935. - Ref.C. 1936. II. 243.

Herstellung von Kleister. Loginow, A.G. und Bobrik, I.P. Russ.P. 45 584 vom 23/3.1931, ausg.31/1.1936. - Ref.C. 1936. II. 418.

Kleister aus aufgeschlossener Stärke. Schlüter, T. D.R.P. 572 062 Kl. 89k vom 6/6.1926, ausg.10/3.1933. - Ref.C. 1933. I. 3014.

Herstellung von Kleisterstärke. Kühl, H. und Soltau, G. D.R.P. 522 555 Kl. 89k vom 29/9.1928, ausg.10/4.1931. - Ref.C. 1931. I. 3525.

Verfahren zur Herstellung von in kaltem Wasser verkleisternder Stärke. Pfeiffer & Dr. Schwandner GmbH. (Erfinder: K. Pfeiffer u. W. Lebender). D.R.P. 527 140 Kl. 89k vom 20/3.1926, ausg. 15/6.1931. - Ref.C. 1931. II. 785.

Herstellung von in kaltem Wasser verkleisternder Stärke. Pfeiffer & Dr. Schwandner GmbH. D.R.P. 432 961 Kl. 89k vom 29/10.1924, ausg.18/8.1926. - Ref.C. 1926. II. 2024.

Verfahren zur Gewinnung eines schwer in Gärung übergehenden Kleisters. Soc.An. des Rizeries francaises. D.R.P. 406 540 Kl.89k vom 20/2.1923, ausg.21/11.1924.

Herstellung einer mit kaltem Wasser Kleister bildende Stärke. Runge, L. D.R.P. 381 516 vom 1/4.1922, ausg.21/9.1923. - Ref.C. 1923. IV. 955.

Herstellung eines mit kaltem Wasser Kleister bildenden Produktes aus Stärke oder stärkehaltigen Stoffen. Nitze, H. D.R.P. 407 789 Kl. 89k vom 17/8.1920, ausg.23/12.1924. - Ref.C. 1925. I. 1139.

Verfahren zur Herstellung einer mit kaltem Wasser verkleisternder Stärke. Supf, F. D.R.P. 351 370 vom 24/10.1919, ausg.6/4.1922. - Ref.C. 1922. IV. 257.

Herstellung einer mit kaltem Wasser Kleister bildenden Stärke. Stein, V. D.R.P. 390 478 vom 24/10.1919, ausg.19/2.1924. - Ref.C. 1924. I. 2019.

Verfahren zur Herstellung von mit kaltem Wasser Kleister bildender, salzfreier Stärke. Wulkan, H. D.R.P. 223 301 Kl.89k vom 16/7. 1908, ausg.18/6.1910.

Verfahren zur Herstellung einer mit kaltem Wasser verkleisternden Stärke. Supf, F. D.R.P. 221 797 Kl.89k vom 26/8.1908, ausg. 10/5.1910.

Verfahren zur Herstellung eines festen Pflanzenschleimes. Gerson & Sachse. D.R.P. 167 275 Kl. 22i vom 14/2.1903, ausg.31/1.1906. - Ref.C. 1906. I. 1128.

353. Gelatinierte Stärken, Gele

(Vgl. auch "Quellstärke": 831, "Lösliche Stärke": 832, "Stärke-Gele, Gelatinierung": 854, "Puddings, Nachspeisen": 4124)

Kontinuierliche Gel-Herstellung. Vesely, V. Listy Cukrovarnické 79. 93-97 (1963). - Ref.C.A. 59. 6602a (1963).

Herstellung homogener gelatinierter Stärkeprodukte. A.E. Staley Mfg. Co. E.P. 945 207 vom 30/3.1962., ausg.23/12.1963.A.Prior. 3/4.1961. - Ref.C. 1965. 16-2937.

Nicht staubende Stärke. Corn Products Refining Co., übert.von: Alt, E.E. und Davis, R.J. A.P. 2 845 367 vom 1/8.1956, ausg. 29/7.1958. - Ref.C.A. 52. 21189c (1958).

Klar gelierende Stärkeprodukte. Corn Products Co. (Erfinder: Kerr, R.W., Paschall, E.F. und Minkema, W.H.). A.P. 2 967 178 vom 6/12.1957., ausg.3/1.1961. - Ref.J.Chem.(russ.) 1962. 3 N321, C. 1963. 3425.

Gelatinieren und Trocknen von Polysacchariden. Duintjer Wilkens Meihuizen & Co. N.V. F.P. 1 230 437 vom 21/10.1957., ausg. 15/9.1960. Holl.Prior. 24/10.1956. - Ref.C. 1965. 2-2931.

Gelatinieren und Modifizieren von Stärkesuspensionen. Lineberry, D. und Reigel, G.W. (National Cylinder Gas Co.). A.P.2 783 167 vom 26/2.1957. - Ref.C.A. 51. 12526o (1957), Ref.J.Chem.(russ.) 1958. 18. 52518.

Herstellung von trockener gelatinisierter Stärke. American Maize Products Co. (Erfinder: Bravos, G.T. und Evans, J.W.). A.P. 3 078 187 vom 13/6.1956., ausg.19/2.1963. - Ref.C. 1965. 35-2904.

Trocknen und Gelatinieren von feuchter Stärke. Corn Products Refining Co. Belg.P. 553 198 vom 6/12.1956, ausg.15/1.1960. A.Prior. 1/8.1956, id.mit A.P. 2 845 367. - Ref.C. 1961. 688.

Gelatinieren von Stärke. Elsas, N.E. A.P. 2 940 876 vom 27/11. 1956., ausg.14/6.1960. - Ref.J.Chem.(russ.) 1961. 18 N324, C. 1961. 9235.

Gelatinieren und Trocknen von Stärke. Corn Products Refining Co. E.P. 853 928 vom 6/11.1956., ausg.9/11.1960. A.Prior.1/8.1956, id.mit D.A.S. 1 044 730. - Ref.C. 1962. 9550.

Gelatinieren und Trocknen von Stärke. Corn Products Refining Co. (Erfinder: Alt Jr., E.E. und Davis, R.J.). D.A.S. 1 044 730 Kl. 89k vom 17/11.1956, veröff.20/11.1958. A.Prior.1/8.1956, id.mit E.P. 853 928. - Ref.C. 1959. 11752, C.A. 55. 1041a(1961).

Gelatinisieren von Stärke. National Cylinder Gas Co. (Erfinder: D.D. Lineberry und G.W. Reigel). F.P. 1 114 343 vom 10/8.1954, ausg.11/4.1956. A.Prior. 10/8.1953. - Ref.C. 1957. 3411.

Herstellung eines Kaltwassergels mit der Eigenschaft, ohne Verlust an Wasser zu gefrieren und aufzutauen. Shepherd, J.C. A.P. 2 800 455 vom 22/6.1953, ausg.23/7.1957. - Ref.C.A. 51. 15842b (1957), C. 1959. 2985.

Gelatiniertes Kohlenhydrat enthaltendes Gemisch. Corn Products Refining Co. Schwz.P. 282 722 vom 5/5.1947, ausg.1/9.1952. A.Prior. 18/7.1945. - Ref.C. 1953. 3966.

Gelatinierte Stärke. Scholten's Aardappelmeelfabrieken, übert.von: T.F.H. Hofman u. F.L.P. Krizkovski. A.P. 2 548 263 vom 29/12. 1947, ausg.10/4.1951. - Ref.C. 1952. 5989.

Herstellung von feinverteilter, trockener, gelatinierter Stärke. Stein,Hall Co., übert.von: Bauer, H.F. A.P. 2 216 179 vom 15/1.1947, ausg.1/10.1940. - Ref.C. 1941. I. 2049.

Herabsetzung der Gelatinierungstemperatur von Stärke. Corn Products Refining Co., übert.von T.J. Schoch. A.P. 2 386 509 vom 29/11.1943, ausg.9/10.1945. - Ref.C. 1946. I. 1334.

Herstellung von vorgelatinierter Maisstärke. American Maize-Products Co., übert.von Schopmeyer, H.H. u. Felton, G.E. A.P. 2 427 328 vom 3/7.1942, ausg.9/9.1947. - Ref.C. 1948. II. 456.

Gelatinieren von Stärke. American Maize-Products Co., übert.von: Buchanan, B.F. u. Lloyd,R.L. A.P.2 406 585 vom 30/7.1942, ausg. 27/2.1946. - Ref.C. 1947. 552.

Herstellung von gelbildender Stärke. Corn Products Refining Co. E.P. 566 236 ausg.20/12.1944. - Ref.C. 1946. I. 412.

Herstellung von gelatinierter Stärke. Corn Products Refining Co. F.P. 860 105 vom 11/9.1939, ausg.7/1.1941. A.Prior. 14/9.1938. - Ref.C. 1941. II. 124.

Herstellung von wasserunlöslicher gelatinierter Stärke mit Klebmitteleigenschaften. Corn Products Refining Co., Übert.von: Leuk, G.J. A.P. 2 222 874 vom 25/11.1938, ausg.26/11.1940. - Ref.C. 1941. I. 2332.

Herstellung von gelartig flockender Stärke. Unifloc Reagents Ltd. u. J.C Samuel. E.P. 516 294 vom 29/6.1938, ausg.25/1.1940. - Ref.C. 1940. II. 1376.

Herstellung von gelatinierter Stärke. Corn Products Refining Co., Übert.von: A.H. Kelling. A.P. 2 171 796 vom 29/5.1937, ausg. 5/9.1939. - Ref.C. 1939. II. 4119.

Gelatinierte Stärkeprodukte. International Patents Development Comp. (Erfinder: Gieseoke, F.O.). A.P. 1 939 973 vom 20/7.1931, ausg.19/12.1933. Engl.Prior. 26/12.1928, id.mit F.P. 676 181. - Ref.C. 1930. I. 2979.

Herstellung von gelatinierter Stärke. International Patents Development Co., Übert.von: F.O. Gieseoke. A.P. 1 899 952 vom 19/1. 1929, ausg.7/3.1933. - Ref.C. 1933. I. 3638.

Gelatinierte Stärke. International Patents Development Comp. (Erfinder: Gieseoke, F.O.). A.P. 1 974 915 vom 26/12.1928, ausg. 25/9.1934, id.mit F.P. 676 181. - Ref.C. 1930. I. 2979.

Behandlung von Stärkemehl und anderen stärkehaltigen Stoffen mit Alkalichloriten oder -hypochloriten zwecks Gewinnung eines gummiartigen oder gelatinösen Produktes. Brueder & Co. E.P. 17650 (1898).

354. Dickkochende und dünnkochende Stärken

(Vgl. auch "Dünnkochende Stärke": 833)

Dünnflüssig kochende Stärke, die bei der Reaktion von Maisstärke mit Chlor in Methanol entsteht. Schaefer, W.C., Russell, C.R., Maurice, J.J. und Rist, C.E. Cereal Chem. 40. 101-09 (1963). - Ref.C. 1964. 37-2691, Stärke 16. 342 (1964), C.A.(M.) 59. 830d (1963).

Dünnkochende Stärke. General Foods Corp. (Erfinder: Carey, R.J.). A.P. 3 067 064 ausg.4/12.1962. - Ref.C.A.(M.) 58. 5874b (1963), Ref.J.Chem.(russ.) 1964. 15 R356, C. 1965. 39-2952.

Dickkochende Stärkederivate. Anheuser-Busch, Inc. (Erfinder:Voigt, J.E., Horst, R.J. und Sowell, E.A.). A.P. 2 977 357 ausg.28/3. 1961. - Ref.C.A. 55. 15972b (1961), C. 1962. 13234, Stärke 14. 433 (1962), Ref.J.Chem.(russ.) 1962. 8 N317.

Stärke mit hoher Viscosität. Anheuser-Busch, Inc. (Erfinder:Sowell, E.A., Voigt, J.E. und Horst, R.J.). A.P. 3 001 985 vom 17/12. 1958. - Ref.C.A. 56. 3712a (1962), Ref.J.Chem.(russ.) 1963. 5 R294, C. 1964. 29-2572, Stärke 16. 202 (1964).

Herstellung einer dickkochenden Stärke, z. B. für Klebstoffe. Staley, A.E., Mfg., Co., Übert.von: Porowski, T. A.P.2 838 465 vom 18/6.1957, ausg.10/6.1958. - Ref.C. 1959. 5349, Ref.J.Chem. (russ.) 1960. Nr. 7420, C.A. 52. 15106a (1958).

Stärkederivate. Anheuser-Busch, Inc. (Erfinder: Gerwitz, T.S.W.). A.P. 2 805 220 vom 16/8.1954, ausg.3/9.1957. - Ref.C.A. 52. 767f (1958), C. 1959. 6995.

Stärkezubereitungen mit niederer Viscosität. Atlas Powder Co., übert.von: Kass, P. A.P. 2 698 255 vom 11/1.1951, ausg.28/12. 1954. - Ref.C.A. 49. 12024i (1955), Stärke 7. 296 (1955).

Herstellung modifizierter Stärke. Staley Mfg. Co. (Erfinder: Hansen, D.W.). A.P. 2 514 055 vom 29/7.1947, ausg.4/7.1950. - Ref.C.A. 44. 11141a (1950), Stärke 2. 306 (1950), Stärke 3. 22 (1951), C. 1952. 3914.

Gewinnung einer beim Kochen nicht dickenden Stärke. Corn Products Refining Co. u. R.W. Kerr. F.P. 933 882 vom 25/9.1946, ausg. 4/5.1948. A.Prior. 13/12.1945. - Ref.C. 1949. E. 3055.

Herstellung dünnkochender Stärke. Buffalo Electro-Chemical Co.,Inc. (Erfinder: Kaufmann, H.O, Margulies, P.H. und Ryan, J.R.). A.P. 2 276 984 vom 23/4.1941, ausg.17/3.1942.

Behandlung von Stärke zwecks Gewinnung einer Stärkemodifikation. Corn Products Refining Co. F.P. 860 106 vom 11/9.1939, ausg. 7/1.1941. A.Prior. 16/9.1938. - Ref.C. 1941. II. 419.

Stärke. Corn Products Refining Co. E.P. 530 344 vom 21/6.1939.

Herstellung von dickkochender Stärke. Corn Products Refining Co. Holl.P. 47 946 vom 9/3.1937, ausg.15/3.1940. - Ref.C. 1940. II. 1376.

Stärke. International Patents Development Co. (Erfinder: Pollak, J.E.). E.P. 483 773 vom 1/3.1937.

Verfahren für das Herabsetzen der Viskosität von Stärkekleister. Seck, W. Holl.P. 45 029 Kl. 89k vom 22/11.1935, ausg.15/2.1939. D.Prior. vom 10/12.1934.

Verfahren zur Herstellung von dünnkochender Stärke durch Einwirkung von Hypochloriten. Duintjer Wilkens Meihuizen & Co. N.V. Holl.P. 43 493 Kl. 89k vom 4/5.1934, ausg.15/6.1938. Oesterr.Prior. vom 6/5.1933.

Verfahren zur Herstellung von dünnkochender Stärke. Duintjer Wilkens Meihuizen & Co. N.V. Holl.P. 42 647 Kl. 89k vom 4/5.1934, bek.gem.15/7.1936. D.Prior. vom 5/5.1933.

Herstellung einer dickflüssigen Kochstärke. Clinton Corn Syrup Refining Co., übert.von: A.P. Bryant. A.P. 1 937 543 vom 19/1. 1931, ausg.5/12.1933. - Ref.C. 1934. II. 153.

Behandlung von Stärke. Niagara Alkali Company, übert.von: J.R. Mac Millan. A.P. 1 567 609 vom 11/12.1922, ausg.29/12.1925. - Ref.C. 1926. I. 2154.

355. Verschiedene Lösungen

(Auch Dispersionen, flüssige Stärke)

Herstellung einer Stärkelösung in einem organischen Lösungsmittel. Mochow, L.A. und Poddubnaja, L.T. Hyg.u.Sanitätswes.(russ.) 28. Nr.4 54-55 (1963). - Ref.C.A. 59. 5354h (1963).

Flüssige Stärken, ihre Zusammensetzung und Herstellung. Chem.Products Aerosol News 25. 257-59 (1962). - Ref.J.Chem.(russ.) 1962. 24 N478.

Herstellung von wässerigen Dispersionen modifizierter Stärke. Manton-Gaulin Mfg. Co. (Erfinder: L.H. Rees). D.B.P. 890 030 Kl. 89k vom 14/10.1950, ausg.17/9.1953. A.Prior. 17/10.1949. - Ref.C. 1954. 6370.

Verfahren für die Herstellung von Stärkelösungen, die beim Trocknen wasserbeständige Schichten geben sowie von dazu geeigneten Quellstärken, wobei vor oder während der Fabriaktion ein Aldehyd hinzugefügt wird. W.A. Scholten's Chemische Fabrieken, N.V. (Erfinder: Lolkema, J. und van der Meer, W.A.). Holl.P. 60 861 Kl. 89k vom 22/10.1943, ausg.15/3.1948.

Herstellung von Stärkelösungen. Müller, J. A.P. 2 173 041 vom 31/12.1937, ausg.12/9.1939. Oe.Prior. 5/9.1935. - Ref.C. 1939. II. 4387.

Herstellung von Stärkelösungen. Scholten's Chemische Fabrieken N.V.W.A. E.P. 494 927 vom 14/9.1937, ausg.1/12.1938. Holl. Prior. 26/10.1936. - Ref.C. 1939. I. 2690.

Verfahren für die Herstellung von Stärkelösungen, die beim Trocknen wasserbeständige Schichten geben, sowie von dazu geeigneten Quellstärken. W.A. Scholten's Chemische Fabrieken N.V. Holl.P. 48 512 Kl. 89k vom 26/10.1936, ausg.10/6.1940.

Herstellung einer kolloidalen Stärkemehllösung. Ringenbach, E. F.P. 789 811 vom 5/2.1935, ausg.7/11.1935, id.mit Schwz.P. 190 145. - Ref.C. 1936. I. 4527.

Herstellung von nichtabsetzender flüssiger Stärke. Spilka, S. A.P. 2 228 784 vom 14/3.1932, ausg.14/1.1941. - Ref.C. 1941. II. 1219.

Stärkelösungen. Deutsche Hydrierwerke A.G. D.R.P. 653 186 vom 25/10.1932, ausg.16/11.1937. - Ref.C. 1938. I. 1924.

Verhütung der Klumpenbildung bei der Herstellung von Emulsionen oder Lösungen. Henkel & Cie. GmbH. F.P. 734 952 vom 9/4.1932, ausg.31/10.1932. D.Prior. 26/8.1931. - Ref.C. 1933. II. 2169.

Verfahren zur Herstellung von Stärkelösungen. Deutsche Hydrierwerke A.G. D.R.P. 569 223 Kl. 89k vom 14/6.1929, ausg.31/1. 1933. - Ref.C. 1933. I. 2185.

Bereitung colloider Lösungen, z. B. von Cellulose, Albumin, Silicagel, Stärke. Klein, F.G.Ch. F.P. 676 627 vom 13/6.1929, ausg.25/2.1930. - Ref.C. 1930. II. 1803.

Herstellung von flüssiger Stärke. Soc. des Produits du Mais. F.P. 643 740 vom 10/11.1927, ausg.21/9.1928. - Ref.C. 1929. I. 313.

Herstellung von durch basische Salze nicht ausfällbaren Stärkelösungen. Dr. J. Perl & Co. K.-G. Schwz.P. 113 725 vom 19/11. 1924, ausg.1/2.1926. - Ref.C. 1926. I. 2383.

Verfahren zum Löslichmachen unlöslicher Gummiarten, Algen, Flechten u. dgl. Stolle und Kopke. D.R.P. 204 361 Kl. 22i vom 5/2. 1907, ausg.21/11.1908. Zusatz zum P. 199 753 vom 8/7.1906.

Verfahren zur Herstellung einer möglichst fettfreien Stärkelösung aus stärkemehlhaltigen Materialien. Pratt, Sp. und Watney, R. D.R.P. 75 478 Kl. 6b vom 16/5.1893, ausg.12/6.1894.

356. Kristallstärke

Herstellung von Kristallstärke. Corn Products Refining Co. (Erfinder: A.M. Krattebol,A. Cooke). D.B.P. 834 080 Kl. 89k vom 1/1.1949, ausg.17/3.1952. A.Prior. 9/5.1947. - Ref.C. 1952.7428.

Kristallstärke. Corn Products Refining Co., übert.von: A.M.Crattebol und A. Cooke. A.P. 2 563 942 vom 9/5.1947, ausg.14/8.1951. - Ref.C. 1952. 4946.

Verbesserungen in der Fabrikation von Krystallstärke. Corn Products Refining Co. F.P. 953 718 vom 3/10.1947, ausg.12/12.1949. - Ref.C. 1950. II. 714, Stärke 2. 237 (1950).

357. Freifließende Stärkemehle

(Auch hydrophobe Stärken. Vgl. auch "Wasserwiderstandsfähige Stärken": 358)

Freifließende hydrophobe Stärke. Standard Brands Inc. (Erfinder: Satterly, K.P.). A.P. 3 071 492 ausg.1/1.1963. - Ref.C.A. 58. 7022b (1963), Ref.J.Chem.(russ.) 1964. 24 R317.

Freifließende hydrophobe granulierte Stärke und die Methode zur Herstellung derselben. United States of America as represented by the Secretary of Agriculture (Erfinder: Wolff, I.A.). A.P. 2 961 339 ausg.22/11.1960. - Ref.J.Chem.(russ.) 1961. 23 N319, C. 1962. 1442, C.A. 57. 1139b (1962).

Herstellung freifließender hydrophober Stärke. Corn Products Refining Co., übert.von: Satterthwaite, R.W. A.P. 2 852 404 vom 1/12.1955, ausg.16/9.1958. - Ref.C. 1959. 17537, C.A. 53.1497b (1959), Ref.J.Chem.(russ.) 1960. 32643.

Herstellung von freifließender Stärke. Foremost Dairies, Inc., übert.von: Peebles, D.D. A.P. 2 856 290 vom 2/12.1955, ausg. 14/10.1958. - Ref.C. 1959. 17537, C.A. 53. 5716d (1959), Ref.J. Chem.(russ.) 1960. 32642, Stärke 13. 181 (1961).

Durch Kunstharzüberzug freifließendes Stärkemehl. Evans, O. E.P. 722 771 vom 30/10.1952, ausg.26/1.1955. - Ref.Stärke 7. 10 (1955).

Verfahren zur Überführung von Kohlehydratpulvern in leicht fließende Produkte. Corn Products Refining Co. Schwz.P. 307 615 vom 16/7.1952, ausg.16/8.1955. A.Prior. vom 23/4.1952.

Herstellung freifließender Trockenstärke. Corn Products Refining Co. E.P. 710 044 vom 19/6.1952, ausg.2/6.1954. A.Prior. 23/4. 1952. - Ref.C. 1955. 2322.

Herstellung freifließender Stärkeprodukte. Krisan, G.A. A.P. 2 614 945 vom 14/9.1949, ausg.21/10.1952. - Ref.C. 1953. 5752, Stärke 5. 163 (1953).

Nichthygroscopisches, freifließendes Stärkepulver mit Karamelgeschmack. Corn Products Refining Co., übert.von: A.R. Baldwin u. W. Hach. A.P. 2 484 543 vom 26/7.1948, ausg.11/10.1949. - Ref.C. 1949. E. 1643, Stärke 2. 166 (1950).

358. Wasserwiderstandsfähige Stärken

(Auch wasserunlösliche Stärken, hydrophobe Stärken, nicht quellende Stärken)

Wasserunlöslichmachung von wasserlöslichen Cellulose- oder Stärkederivaten. Daiichi Kogyo Seiyaku Co., Ltd. (Erfinder: Senda, T. und Asaka, H.). Japan.P. 5973 ('63) ausg.14/5.1963. - Ref.C.A. 59. 14192f (1963).

Herstellung von in kaltem Wasser nicht quellbaren Stärkederivaten. National Starch Products, Inc. Holl.P. 96 790 vom 10/12.1951., ausg.16/1.1961., id.mit E.P. 688 291. - Ref.C. 1962. 1442.

Nichtquellende Stärke. United States of America, übert.von: I.A. Wolff und P.R. Watson. A.P. 2 668 169 vom 30/3.1951, ausg. 2/2.1954. - Ref.C.A. 48. 5535b (1954), Stärke 6. 139 (1954), C. 1955. 2286.

Herstellung von Quellstärkepräparaten, deren Lösungen nach dem Trocknen wasserbeständige Schichten bilden. Scholten's Chemische Fabrieken. Oe.P. 169 559 vom 5/7.1949, ausg.26/11.1951. Holl.Prior. 22/10.1943. - Ref.C. 1952. 4080.

Herstellung von kalt verkleisternden Stärkepräparaten, deren Lösungen beim Eintrocknen wasserfeste Schichten geben. Scholten's Chemische Fabrieken, N.V.W.A. N.P. 76 324 vom 22/8.1946, ausg. 20/2.1950. Holl.Prior.22/10.1943. - Ref.C. 1951. I. 3585.

Verfahren zur Herstellung von Quellstärkepräparaten, deren Lösungen nach dem Trocknen wasserbeständige Schichten bilden. Scholten's Chemische Fabrieken, N.V.W.A. Holl.P. 66 492 Kl. 89k vom 18/6.1945, ausg.16/10.1950. Zusatz zum Holl.P. 48 512 vom 9/5.1940.

Herstellung unlöslicher Stärke. Perkins Glue Co., übert.von: Pierson, G.G. A.P. 2 417 611 vom 15/6.1943, ausg.18/3.1947. - Ref. C. 1947. 948.

Herstellung einer in kaltem Wasser wenig löslichen Stärke. Corn Products Refining Co. F.P. 50 985 vom 5/8.1939, ausg.19/5. 1941. - Ref.C. 1941. II. 2148.

Wasserfreie und nicht hygroskopische Stärke. Corn Products Refining Co. F.P. 842 025 vom 12/8.1938, ausg.5/6.1939. - Ref.C. 1939. II. 2855.

Herstellung von wasserunlöslichen und wasserwiderstandsfähigen Stärkeprodukten. Corn Products Refining Co., übert.von: Leuck, G.J. A.P. 2 222 872 u. 2 222 873 vom 10/12.1937, ausg.26/11. 1940. - Ref.C. 1941. I. 2332.

Herstellung von wasserwiderstandsfähigen Stärkeprodukten. Stein, Hall Mfg. Co., übert.von: Bauer, J.V. A.P. 2 213 314 vom 18/8. 1937, ausg.20/8.1940. - Ref.C. 1941. I. 711.

Herstellung einer wasserfreien, wasserwiderstandsfähigen Stärkepaste. Corn Products Refining Co., übert.von: E. Bode. A.P. 2 165 834 vom 20/9.1937, ausg.11/7.1939.-Ref-C. 1940. I. 474.

Unlösliche Stärkemehlprodukte. Scholten's Chemische Fabrieken, N.V.W.A. Holl.P. 51 553 vom 26/10.1936, ausg.15/12.1941. - Ref.C. 1942. I. 2732.

359. Verschiedenes

(Auch Behandlung von Stärke)

Alkali-stabile Stärken. U.S.Dept. of Agriculture (Erfinder: Schaefer, W.C. und Russell, C.R.). A.P. 3 193 409 vom 16/1.1963., ausg.6/7.1965. - Ref.C.A. 63. 13553c (1965).

Herstellung hochviscoser alkalifester Stärke. Kanegafuchi Bôseki Kabushiki Kaisha (Erfinder: Narita, T., Akamatsu, Y. und Chushi, N.). Jap.A.S. 7645/1962 vom 2/12.1955., ausg.9/7.1962. - Ref.C. 1965. 16-2938.

Verfahren und Vorrichtung zur Behandlung von Stärke. A.E. Staley Manufg. Co. F.P. 1 209 303 vom 26/7.1958., ausg.21/9.1959. - Ref. Stärke 14. 64 (1962).

Chemische und/oder physikalische Behandlung von Stärke. Duintjer Wilkens Meihuizen & Co. N.V. (Erfinder: van Nieuwenhuyzen,L.J.). Schwed.P. 166 439 Kl. 89k vom 28/9.1955, ausg.3/3.1959. Holl. Prior. vom 29/9.1954.

Chemische und/oder physikalische Behandlung von Stärke. Duintjer Wilkens Meihuizen & Co. N.V. Belg.P. 541 579 vom 26/9.1955, ausg.28/8.1959. Holl.Prior.29/9.1954, id.mit D.A.S. 1 014 490. - Ref.C. 1960. 11848.

Verfahren zur Gewinnung einer, in ihren Eigenschaften der Weizenstärke ähnelnden Stärke. Skarb PańStwa. Ministerstwo Przemyslu Rolnego i Spożywczego - Zarzad Przemyslu Ziemniaczanego. (Erfinder: Roth, A. und Ignasiak, St.). Poln.P. 39 044 Kl. 89k vom 5/2.1955, ausg.30/4.1956.

Verfahren zur Gewinnung einer in ihren Eigenschaften der Roggenstärke ähnelnden Stärke. Skarb PańStwa. Ministerstwo Przemyslu Rolnego i Spożywczego - Zarzad Przemyslu Ziemniaczanego. (Erfinder: Roth, A. und Ignasiak, St.). Poln.P. 38 577 Kl. 89k vom 3/2.1955, ausg.25/2.1957.

Herstellung einer Stärkesuspension mit gleichbleibender Konzentration. Staley, A.E., Mfg. Co., übert.von: Etheridge, O.R. A.P. 2 871 146 vom 24/2.1954, ausg.27/1.1959. - Ref.C. 1960. 5342.

Stabilisieren von Dimethylolharnstoff zur Herstellung trockener, pulverförmiger Mischungen wasserlöslicher Kolloide, z. B. Stärke, Stärkederivate etc. D.B.P. 956 403 Kl. 12o vom 15/12.1955, ausg.17/1.1957. - Ref.Stärke 9. 59 (1957).

Umpumpbare Stärke. American Maize-Products Co.,(übert.von: J.W. Evans u. G.E. Nelson). A.P. 2 749 259 vom 4/10.1952, ausg.5/6. 1956. - Ref.C. 1957. 5431.

Verfahren zum Brüchigmachen von Kartoffelstärke. A.Hering A.-G. (Erfinder: Kurz, H.). D.B.P. 811 460 Kl. 89k vom 4/2.1950, ausg. 10/3.1952. - Ref.C. 1952. 7428.

Stabilisieren von Stärken. National Starch Products, Inc. V.St.A. E.P. 675 793 vom 1/2.1950, ausg.16/7.1952. A.Prior.2/2.1949. - Ref.C. 1954. 670.

Stabilisiertes Stärkeprodukt. American Maize Products Co., übert. von: R.L. Lloyd. A.P. 2 442 658 vom 7/5.1946, ausg.1/6.1948. - Ref.C. 1949. I. 256, Stärke 2, 306 (1950).

Nichtgelatinierende Stärke. National Starch Products Inc., übert. von: M. Konigsberg. A.P. 2 500 950 vom 29/12.1945, ausg.21/3. 1950. - Ref.C. 1951. I. 943.

Nicht gelbildendes Stärkepräparat. General Mills Inc., übert.von: Evans, J.W. A.P. 2 400 402 vom 5/6.1944, ausg.14/5.1946. - Ref.C. 1947. 144.

Verfahren für die Herstellung von Stärkederivaten aus Kartoffelmehl oder anderen Stärkesorten, die nach der Verkleisterung mit verkleisterter Mais- oder Weizenstärke Übereinstimmung aufweisen. Chemische Fabriek Servo und Rozenbroek, M.D. Holl.P. 59 843 Kl. 89k vom 11/4.1942, ausg.15/8.1947.

Behandlung von Stärke. Corn Products Refining Co. (Erfinder: Kerr, R.W.). A.P. 2 268 215 vom 22/1.1940, ausg.30/12.1941.

Herstellung einer lager- und versandsfähigen, wasserfreien, für Absorptionszwecke geeigneten Stärke. Corn Products Refining Co., übert.von: Bode, H.E. D.R.P. 716 073 Kl. 89k vom 14/7.1938, ausg.13/1.1942. - Ref.C. 1942. I. 2075.

Verbesserung der Eigenschaften von Stärke. Penick & Ford, Ltd. Inc. F.P. 819 127 vom 13/3.1937, ausg.11/10.1937. - Ref.C. 1938. I. 1894.

Verbesserung der Eigenschaften von Stärke. Penick & Ford, Ltd.,Inc. übert.von: C.C. Kesler. A.P. 2 121 502 vom 4/5.1936, ausg.21/6. 1938. - Ref.C. 1938. II. 2359.

Veredeln von Stärke. Spiegel, A. D.R.P. 650 844 Kl. 89k vom 30/8. 1932, ausg.2/10.1937. - Ref.C. 1938. I. 204.

Herstellung einer Stärkesuspension. Burgess Battery Co., übert.von: W.B. Schulte. Can.P. 300 356 vom 17/4.1929, ausg.20/5.1930. - Ref.C. 1933. II. 627.

Herstellung von wasserlöslichen Depolymerisationsprodukten hochmolekularer Kohlehydrate. I.G. Farbenindustrie A.-G. (Erfinder: F. Lange). D.R.P. 521 719 Kl. 12o vom 18/3.1926, ausg.27/3.1931. - Ref.C. 1931. I. 3170.

Stärkehaltige Mischung. Stokes, W.H., übert.an: Courtdaulds Ltd. A.P. 1 455 679 vom 31/12.1922, ausg.15/5.1923. - Ref.C. 1923. IV. 892.

36. Dextrine

360. Allgemeines
361. Fragen der Herstellung
362. Patente
363. Eigenschaften, Untersuchung

360. Allgemeines

(Übersichten, Zusammenfassungen. Vgl. auch "Konstitution von Dextrinen": 78, "Kolloide Eigenschaften": 834, "Analytischer Nachweis": 572, "Dextrine bei Nahrungsmitteln": 417)

Dextrine. Gapen, C.C. und Rathmann, D.M. in: Industrial gums: polysaccharides and their derivatives, herausgeg.von R. L. Whistler und J.N. BeMiller, S. 699-725. Academic Press, New York and London 1959.

Dextrine und Dextrinklebemittel. Prumysl Potravin 8. 432-34 (1959).

Dextrinierung. Caesar, G.V. in R.W. Kerr: Chemistry and Industry of Starch. Academic Press Inc. Publishers, New York 1950. S. 345-55.

Dextrin. Herstellung, Untersuchungsmethoden und Gütebestimmungen. Wolff, O. Stärke 2. 273-79 (1950). - Ref.C. 1951. I. 2096.

Über Dextrine aus Getreidestärke und dergleichen. Myrbäck, K. Svenska Bryggarefören Manadsbl. 53. 93-101 (1938). - Ref.C. 1938. II. 201.

Dextrin. Radley, J.A. Manufactur.Chemist pharmac.Cosmetic Perfum. Trade J. 7. 5-9 (1936). - Ref.C. 1936. I. 2458.

Dextrin: seine Eigenschaften und Herstellung. Williams, A.E. Ind. Chemist chem.Manufacturer 9. 52-54 (1933). - Ref.C. 1933. II. 1268.

Dextrin. Wolff, O. in F. Ullmann Enzyklop.d.techn.Chem. 1929. Bd. 3. 627-643.

Herstellung von Dextrin, Briefumschlagklebstoff, British Gum und abgebauter Stärke. Bloede, V.G. in R.P. Walton: A Comprehensive Survey of Starch Chemistry Part 1, S. 158-74. Chemical Catalog Company, New York 1928.

Die Entwicklung der amerikanischen Dextrinindustrie. Morningstar,J. Color Trade J. 2. 67-69 (1918). - W.Ref. 2407.

Gummi und Dextrine. Blöde, V.G. Amer. Envelope Manufacturer's Assoc. Bull., Nr. 49.(1914). - W.Ref. 2506 A.

Die Herstellung des Dextrins und seine Verwendung. Parow, E. Z.Spiritusind. 35. 507-508 u. 519 (1912). Chemiker Ztg. 36. 1085-87 (1912). - Ref.C. 1912. II. 1704.

Die Ausgiebigkeit der technischen Dextrine als Klebe- und Appreturmittel und Erzielung derselben im Fabrikbetriebe. Preuss, E. Z.Spiritusind. 34. 291 (1911). - W.Ref. 2490, C.A. 6. 940 (1912), C. 1911. II. 312.

Zur Dextrinbildung (Auszug). Anthon, E.F. Dingler's polytechn. J. 219. 183 (1876). - W.Ref. 2388.

Vom Dextrin. Bondonneau, L. Bull.Soc.chim.(Paris) 21. Sem.1, 149-151 (1874). - W.Ref. 2385.

Vom Dextrin. Bondonneau, L. Bull.Soc.chim.(Paris) 21. Sem.1, 50-53 (1874). - W.Ref. 2384.

Über die Dextrinsorten des Handels. Forster, R. Dingler's polytechn.J. 190. 133-139 (1868). - W.Ref. 2447, C. 1869. 109-111.

361. Fragen der Herstellung

Gleichlaufende Gewinnung von Dextrinen aus verschiedenen Stärken. Magarasevic, M. und Bartoj, M. Kem. u.Ind. (Zagreb) 14. 85-87 (1965). - Ref.C.A. 63. 18434h (1965).

Herstellung von Instant-Dextrin. Linge, R.A. van. Adhäsion 9. 115-17 (1965). - Ref.J.Chem.(russ.) 1965. 19 R300, C.A. 63. 4501d (1965).

361

Die Anwendung verschiedener Katalysatoren für die Herstellung von Dextrinen. Bartoj, M. und Magaraševič, M. Tehnika (Beograd) 18. 1312-15 (1963). - Ref.C. 1965. 13-2940.

Technologie der Gewinnung von Dextrin. Nguen, Sui Lan. Ky-thuât công nghiêp nhe 1964. Nr. 5 8-10. - Ref.J.Chem.(russ.) 1965. 14 R 305.

Die Anwendung verschiedener Katalysatoren für die Herstellung von Dextrin. Bartoj, M. und Magaraševič, M. Tehnika (Beograd) 19. Nr.7 "Hem.ind." 18. Nr.7. 178-81 (1964). - Ref.J.Chem.(russ.) 1965. 9 R337.

Neue Wege in der Herstellung von Dextrinen. Schmidt, H.D. Stärke 16. 264-68 (1964). - Ref.J.Chem.(russ.) 1965. 24 R343, C. 1966. 16-3080.

Die Herstellung von Weißdextrin und die Bestimmung von dessen Eigenschaften. Magaraševič, M. und Bartoj, M. Kem.u.Ind.(Zagreb) 12. 521-25 (1963). - Ref.J.Chem.(russ.) 1964. 8 R367.

Fabrikation von Dextrin aus Reisstärke. Marker, W.E. und Iljuschina, L.D. Arb.zentr.wiss.Forsch.-Inst.Stärke- u.Stärkesirup-Ind. (russ.) 6. 99-110 (1963). - Ref.Stärke 16. 100 (1964), C.A.(M.) 61. 4577h (1964), Ref.J.Chem.(russ.) 1964. 4577h (1964).

Die Herstellung von Dextrin aus Abfällen der Mühlen-, Back- und Teigwarenindustrie. Conduraohe, D. Ind.Alimentară-Produse veget. 13. 367-68 (1962). - Ref.J.Chem.(russ.) 1963. 24 R318.

Untersuchung der Faktoren, welche auf die Eigenschaften von Pyrodextrin von Einfluß sind. Huszár, J. und Szejtli, J. Szeszipar 10. 119-24, 145 u. 147 (1962). - Ref.J.Chem.(russ.) 1963. 9 R 291.

Bauliche Fragen in Dextrinfabriken. Linge, R.A. van. Adhäsion 5. 183-87, 283-89, 342-49 (1961). - Ref.Stärke 14. 190 (1962).

Dextrin und seine Herstellung. Linge, R.A. van. Adhäsion 3. 123-27 (1961). - Ref.C. 1962. 5128, Ref.J.Chem.(russ.) 1962. 12 N321.

Die Herstellung von Säuredextrin aus Abfällen der Mühlen- und Teigwarenindustrie. Kantorer, I.Je. Zucker-Ind.(russ.) 35. Nr. 1. 66-68 (1961). - Ref.Stärke 14. 31 (1962), C. 1962. 17245, Ref. J.Chem.(russ.) 1961. 14 N396.

Ein Dextrinisator mit Kammerheizung. Tschatzki, P.A. und Schirobokow, N.A. Zucker-Ind.(russ.) 34. Nr. 7 69-70 (1960). - Ref.C. 1961. 4915, Ref.J.Chem.(russ.) 1961. 7 N346, Stärke 13. 93 (1961).

Ein neues kontinuierliches Dextrinierungsverfahren. Görner, A. Stärke 12. 365-69 (1960). - Ref.J.Chem.(russ.) 1961. 15 N357, C. 1962. 1822.

Kontinuierliche Dextringewinnung mit Hilfe einer Schneckenapparatur. Sroczyński, A., Reszelski, M. und Skalski, J. Zeszyty naukowe Politechn.Łódzkiej, Chem. spozywoza 1959. Nr.3. 65-73. - Ref.C. 1960. 9402.

Die Verarbeitung neuer Rohstoffarten in der Lutsohkowsker Dextrinfabrik. Komarow, D.I. und Rjabinowski, M.M. Zucker-Ind.(russ.) 33. Nr.9. 58-61 (1959). - Ref.C. 1960. 9402, Stärke 13. 150 (1961).

Aus Versuchen des Muromer Dextrinkombinats. Ssolowjew, P.P. Neuheiten der Lebensmittel-Ind. (russ.) 1958. Nr.5. 10-11. - Ref.J.Chem.(russ.) 1960. Nr. 11080.

Methode zur Herstellung von Dextrin. Nikolaore, N. Praktika Akad. Athenon. 29. 445-52 (1954). - Ref.C.A. 50. 13431 (1956).

Gewinnung von Säuredextrinen und Röstdextrinen. Arnott, H.M. Chem.Products chem.News 16. 150-53 (1953). - Ref.C. 1950/54. 2901 S

Herstellung von Dextrinen und in kaltem Wasser dispergierbaren Stärken in Deutschland. Fiat-Bericht Nr. 1057. London (1946).

Stärkeabbau zu Dextrin mittels gasförmigem Chlorwasserstoff. Smith, L.T. und Morris, S.G. Ind.Engng.Chem., ind.Edit 36. 1052-54 (1944). - Ref.C. 1946. II. 3824.

Dextrine und Halbdextrine aus Stärkearten geringer Güte. II. Standardverfahren mit Reis- und Batatenstärke. Datta, R.L. und Chatterjee, P.K. Chem.Age 46. 201-02 (1942). - Ref.C. 1943. I. 2452.

Dextrine und Halbdextrine aus Stärkearten geringer Güte. I. Standardverfahren mit Kartoffel- und Maisstärke. Datta, R.L. und Chatterjee, P.K. Chem.Age 46. 189-91. (1942). - Ref.C. 1944. II. 800.

Die Herstellung von Dextrin. Radley, J.A. Chem.Trade J.chem.Engr. 98. 21-22 (1936). - Ref.C. 1936. I. 2458.

Dextrinherstellung nach dem Göhring-Hebenstreit-Verfahren. Gelatine, Leim, Klebstoffe 2. 237-240 (1934).

Vom Kühlen und Befeuchten von Dextrinen. Z.Spiritusind. 55. 237. (1932). - Ref.C. 1933. I. 1036.

Kartoffeldextrin. Seine heutigen Herstellungsverfahren. Williams, A.E. Chem.Trade J. 90. 99-100. (1932). - Ref.C. 1932. I. 2104.

Verfahren zur Herstellung von weißem Dextrin mit hoher Kaltwasserlöslichkeit. Sprockhoff. Z.Spiritusind. 52. 140 (1929). - Ref. C. 1929. II. 665.

Verfahren zur Herstellung von weißem Dextrin mit hoher Kaltwasserlöslichkeit. Ekhard, W. Z.Spiritusind. 51. 359 (1928).

Darstellung von Dextrinkleister aus Stärke. Utaka, H. Rep.Osaka Ind.Res.Lab. 5. Nr.16, 1-7 (1925).-W.Ref. 2412, C.A. 19. 2278 (1925).

Entwicklungen in der Dextrinherstellung. Darrah, W.A. Chem.metallurg.Engng. 30. 825-828 (1924). - W.Ref. 2411, C. 1924. II.1287.

Der Wärmewirkungsgrad der Dextrinröstanlagen. Sprockhoff. Z.Spiritusind. 45. 203 (1922). - W.Ref. 2410.

Dextrin aus Roßkastanien. Neueste Erfindungen u. Erfahrungen 46. 422 (1919). - W.Ref. 2134, C. 1920. II. 194.

Herstellung von Dextrin aus Kastanien. Farben-Ztg. 23. 339 (1918).

Darstellung von Dextrin. Yano, M. J.Soc.chem.Ind.Japan (Kogyo Kwagaku Zasshi) 21. 865-81 (1918). - W.Ref. 2408, C.A. 13. 385 (1919).

Speziell konstruierter Röster für Stärke, welcher besonders Gas als Brennstoff zur Herstellung von Dextrin benutzt. Wardell, S.E. Amer.Gas Engng.J. 107. 561-62 (1917). - W.Ref. 2406.

Verarbeitung angefaulter Kartoffeln auf Dextrin und Glycerinersatz. Esch, W. Z.Spiritusind. 38. 259 (1915). - W.Ref. 2404.

Über die Dextrinierung der Stärke durch Trocknen. Malfitano, G. und Moschkoff, A. Ann.Brasserie Distill. 15. 75-77 (1912).

Über die Dextrinierung der Stärke durch Trocknen. Malfitano, G. und Moschkoff, A. C.R.hebd.Séances d.Acad.Sci. 154. 443-46 (1912). - Ref.C. 1912. I. 1103.

Umwandlung stärkehaltiger Substanzen in Stärkegummi oder Dextrin. (Auszug). Berge, A.H.J. - W.Ref. 2393, C. 1891. II. 296.

Darstellung von Dextrin. (Auszug). Ljubawin. - W.Ref. 2392, C. 1889. I. 683.

Über die Darstellung des Dextrins. Klepatschewsky. Chemiker-Ztg. 12. 1322 (1888). - W.Ref. 2391.

Bereitung des Dextrins zu einer dem Gummiarabicum ähnlichen Masse. (Auszug). Bayerisches Industrie- u.Gewerbebl. 18. 576 (1886). - W.Ref. 2390, C. 1887. 264.

Einige Worte über Neuerungen in der Dextrin-Fabrikation. Markl,A. K. Z.Landwirtsch.techn.Fortschr.der landwirtschaftl.Gewerbe 20. 124-28 (1882).

Eine verbesserte Methode der Dextrinbereitung. (Auszug). Anthon, E.F. Wagner's Jber.chem.Technol. 22. 715-716 (1876). - W.Ref. 2389.

Über eine neue Methode der Dextrinbereitung. (Auszug). Anthon,E.F. Dingler's polytechn. J. 218. 182 (1875). - W.Ref. 2386, C.1875. 809.

Über die Darstellung von Dextrin. J.Pharmac.Chim., Ser.4. 18. 39 (1873). - W.Ref. 2383.

Zur billigen Darstellung von reinem Dextrin. Ficinus, O. Dingler's polytechn.J. 201. 375 (1871). - W.Ref. 2381.

Das Dextrin und seine Darstellung. Süssenguth, O. Muster-Ztg.20. 177-179 (1871). - W.Ref. 2382.

Über die Fabrikation des Leicoms (gedörrten Kartoffelstärkemehls). Rey, L. Polytechn. Zbl. 2. 975-977 (1837). - W.Ref.2379.

Vergleichende Versuche über Zucker, Gummi und Milchzucker. Vauquelin. Bull.Pharmacie 3. 49-58 (1811). - W.Ref. 2372A.

362. Patente

Herstellung von Dextrinen Röhm & Haas GmbH. E.P. 933 728 vom 3/10.1960., ausg.14/8.1963. D.Prior.2/10.1959., id.mit D.A.S. 1 101 310. - Ref.C. 1964. 43-2767.

Herstellung von Dextrin. Röhm & Haas GmbH. (Erfinder: Krebs, J.). A.P. 3 029 192 vom 26/9.1960., ausg.10/4.1962., D.Prior.2/10. 1959, id.mit D.A.S. 1 101 310. - Ref.C. 1963. 7198, Stärke 16. 202 (1964).

Herstellung von Dextrin. Röhm & Haas GmbH. (Erfinder: Krebs, J.). D.A.S. 1 101 310 Kl. 89k vom 2/10.1959., ausg.2/3.1961. - Ref. C. 1961. 13748, C.A. 55. 26488e (1961), Stärke 14. 296 (1962).

Behandlung von Stärke. Duintjer Wilkens Meihuizen & Co. N.V. E.P. 801 524 ausg.17/9.1958. - Ref.C.A. 53. 8674b (1959).

Dextrinisierung von Getreidestärken bei niedriger Temperatur. Ajinomoto Co., Inc. (Erfinder: Sayasaka, S., Toi, B. und Kawakami, K.). Japan.P. 2 867 ('61) vom 12/11.1958., ausg.11/4. 1961. - Ref.C.A. 56. 14682b (1962), Ref.J.Chem.(russ.) 1965. 23 R377.

Herstellung eines verzweigten Dextrins. Anheuser-Busch, Inc. (Erfinder: Commerford, J.D. und Scallet, B.L.). A.P. 2 944 913 vom 17/11.1958., ausg.12/7.1960. - Ref.J.Chem.(russ.) 1961. 20 N235, C. 1962. 1059, Stärke 14. 185 (1962).

Herstellung von Dextrin. Tsuyama, H., Setomi, K. und Yoshida, T. Japan.P. 4974 (56) ausg.25/6.1956.- Ref.C.A. 52. 3635a (1958).

Verfahren und Vorrichtung zum Kühlen und Befeuchten von Dextrin oder ähnlichen mehlartigen Erzeugnissen. Wulkan, E. D.A.S. 1 014 940 Kl. 89k vom 6/9.1955, ausg.29/8.1957. E.Prior. vom 14/9.1954. - Ref.C. 1958. 11679, Stärke 10. 21 (1958).

Chemische und/oder physikalische Behandlung (Dextrinierung) von Stärke. Duintjer Wilkens Meihuizen & Co. N.V. (Erfinder: Nieuwenhuyzen, L.J. v.). Schwz.P. 352 977 vom 28/9.1955., ausg. 28/4.1961. Holl.Prior. 29/9.1954., id.mit D.A.S. 1 014 490. - Ref.C. 1962. 3294.

Flüssig-Suspension von Teilchen großer Dichte. Todd, H.H. A.P. 2 854 346 vom 20/6.1955, ausg.30/9.1958.

Dextrinierung von Stärke. Staley, A.E., Mfg. Co. (Fredrickson, R. E.C.). A.P. 2 845 368 vom 27/5.1954, ausg.29/7.1958. - Ref.C.A. 53. 2658c (1959), C. 1959. 17537.

Verbesserungen bei Verfahren zum Kühlen und Befeuchten von Dextrin und gerösteten Mehlen. Wulkan, E. E.P. 791 433 vom 14/9.1954, ausg.5/3.1958. - Ref.Stärke 11. 282 (1959), C. 1960. 11500.

Herstellung von Dextrin. United States of America, übert.von: R.L. Lohmar u. F.B. Weakley u. G.E. Lauterbach. A.P. 2 738 305 vom 1/10.1954, ausg.13/3.1956. - Ref.C. 1957. 2346.

Ein Verfahren zur chemischen und physikalischen Bearbeitung von Stärke. Duintjer Wilkens Meihuizen & Co. N.V. Holl.P.107 575 vom 29/9.1954., ausg.16/3.1964, id.mit F.P. 1 136 059. - Ref.J.Chem.(russ.) 1965. 14 R306.

Mannosedextrine. General Mills, Inc., übert.von: Opie, J.W., Nordgren, R. und Hamilton, R.M. A.P. 2 767 167 vom 6/7.1953, ausg. 16/10.1956. - Ref.C. 1959. 5978.

Verfahren zur Herstellung von thermischen Abbauprodukten hochmolekularer Kohlehydrate bzw. derer Derivate. Henkel & Cie. GmbH. (Erfinder: Ziegler, C., Köhler, R. und Rüggeberg, H.). Schwz.P. 321 086 vom 5/6.1953, ausg.15/6.1957. D.Prior. vom 12/7.1952.

Dextrinieren von Sorghum-Mehl. Archer-Daniels-Midland Co. (Erfinder: R.L. Slotter). A.P. 2 601 335 vom 24/6.1952. - Ref.C.A. 46. 10578a (1952).

Herstellung von Stärkeabbauprodukten. Goerbig, M. (Erfinder: R. Auerbach). D.B.P. 838 730 Kl. 89k vom 30/6.1950, ausg.12/5. 1952. - Ref.C. 1953. 459.

Herstellung von kaltlöslichem Dextrin. Wulkan, E. F.P. 970 081 vom 9/8.1948, ausg.29/12.1950. E.Prior. 25/3.1948. - Ref.C. 1951. I. 2096.

Dextrin. Corn Products Refining Co. Schwz.P. 261 965 vom 12/6.1947, ausg.1/9.1949. A.Prior. 5/7.1940. - Ref.C. 1950. I. 368.

Umwandlung von Stärke in Pyrodextrin. Corn Products Refining Co., übert.von: R.W. Kerr. Can.P. 476 056 vom 18/7.1946, ausg.14/8. 1951. A.Prior. vom 13/12.1945. - Ref.C. 1952. 7905.

Herstellung von Dextrin. Soc.An.Conglosa. It.P. 497 351 (Zusatz-Pat.) vom 19/12.1947. Span.Prior. 20/12.1946. - Ref.C. 1959. 17537.

Herstellung von Dextrin. Soc.An.Conglosa. It.P. 459 399 vom 17/12. 1947. Span.Prior. 18/10.1946. - Ref.C. 1959. 17537.

Gewinnung der Dextrine aus Sirup von eingedickten Rückständen aus den Destillierblasen der Alkoholgewinnung. Seagram, J.E. und Sons, Inc., übert.von: Coles, H.W. A.P. 2 450 717 vom 27/7.1944, ausg.5/10.1948. - Ref.C. 1949. II. 1137.

Umwandlung von Stärke in Dextrin unter Verwendung von Säuren. Chemische Fabriek Servo N.V. u. M.D. Rozenbroek. F.P. 892 079 vom 10/3.1943, ausg.28/3.1944. Holl.Prior. 10/3.1942. - Ref.C. 1947. 1424.

Herstellung von mit im Entstehungszustand gebildeten Hypochloriten aufgeschlossener Stärke und beziehungsweise oder Dextrin. Chemische Fabriek Servo N.V. u. M.D. Rozenbroek. Belg.P. 444 594 vom 21/2.1942, Auszug veröff.7/5.1943. D.Prior.27/12.1938. - Ref.C. 1943. II. 2115.

Herstellung von aufgeschlossener Stärke und beziehungsweise oder von Dextrin. Chemische Fabriek Servo und M.D. Rozenbroek. Belg. P. 444 592 vom 21/2.1942, Auszug veröff.7/5.1943. Holl.Prior. 27/12.1938. - Ref.C. 1943. II. 2114.

Bereitung von aufgeschlossener Stärke und beziehungsweise oder Dextrin. Chemische Fabriek Servo N.V. u. M.D. Rozenbroek. Belg. P. 444 591 vom 21/2.1942, Auszug veröff.7/5.1943. Holl.Prior. 27/12.1938. - Ref.C. 1943. II. 2114.

Gewinnung von Dextrin aus Stärke. Chemische Fabriek Servo N.V. u. M.D. Rozenbroek. Belg.P. 444 292 vom 27/1.1942, Auszug veröff. 10/12.1942. Holl.Prior. 13/1.1941. - Ref.C. 1943. II. 685.

Herstellung von Dextrin. Bubeck und Dolder. Schwz.P. 223 939 vom 24/8.1942, ausg.16/3.1943. - Ref.C. 1943. II. 2271.

Produkt zur Herstellung von Dextrin. Bubeck und Dolder. Schwz.P. 223 937 vom 24/8.1942, ausg.16/3.1943. - Ref.C. 1943. II. 2271.

Herstellung von dextrinartigen Produkten aus Stärke und Kohlenhydraten auf Stärkebasis. I.G. Farbenindustrie A.-G. F.P. 852 033 vom 23/3.1939, ausg.22/1.1940. D.Prior. 26/3.1938. - Ref.C. 1940. II. 1376.

Verfahren zur Herstellung von nichtreduzierenden Dextrinpräparaten durch katalytische Hydrierung. I.G. Farbenindustrie A.-G. Holl.P. 50 215 Kl. 89k vom 22/3.1939, ausg.15/4.1941. D.Prior. vom 26/3.1938.

Dextrin. I.G. Farbenindustrie A.G. E.P. 526 839 vom 26/3.1938, ausg.25./3.1939.

Herstellung von festen, dextrinhaltigen Stärkepräparaten. American Maize-Products Co., übert.von: J.F. Walsh. A.P. 2 189 824 vom 25/8.1938, ausg.13/2.1940. - Ref.C. 1940. II. 1376.

Herstellung von modifizierten Dextrinen. Coppock, P.D. A.P. 2 181 782 vom 12/1.1938, ausg.28/11.1939.

Gewinnung von Dextrin aus Stärke. Corn Products Refining Co., übert.von: H.E. Bode. A.P. 2 156 488 vom 16/8.1937, ausg.2/5. 1939. - Ref.C. 1939. II. 752.

Herstellung von dextriniertem Stärkemehl. Bowen, W.S. A.P.2 185368 vom 7/7.1937, ausg.2/1.1940. - Ref.C. 1940. II. 1522.

Gewinnung von Dextrin aus Stärke. Arabol Mfg. Co., übert.von: E. Clegg u. C. Hilliard. A.P. 2 127 205 vom 7/5.1936. ausg.16/8. 1938. - Ref.C. 1938. II. 3173.

Befeuchtungsvorrichtung für Dextrin oder Stärke. Amthor, O. D.R.P. 661 734 Kl. 89k vom 26/4.1936, ausg.25/6.1938.

Gewinnung von Dextrin durch Aufschluß von Holz mittels Schwefelsäure. Mitterbiller-Epp, K. Schwz.P. 185 933 vom 22/7.1935, ausg.2/11.1936. D.Prior. 6/6.1935. - Ref.C. 1937. I. 3080.

Gewinnung von Dextrinen aus Stärke und Proteine enthaltenden pflanzlichen Stoffen. Stein, Hall Mfg.Co., übert.von: W.H.Hart, A.P. 2 073 342 vom 17/7.1934, ausg.9/3.1937. - Ref.C. 1937. I. 5065.

Verbesserung der Eigenschaften von Dextrinen. Henkel & Cie. GmbH. (Erfinder: W. Hentrich u. M. Lobenstein). D.R.P. 663 624 Kl. 89k vom 7/7.1934, ausg.10/8.1938. - Ref.C. 1938. II. 2855.

Herstellung abgebauter Stärkeprodukte und von Dextrin. Schorn, M. F.P. 762 785 vom 2/10.1933, ausg.18/4.1934. D.Prior.1/10.1932. - Ref.C. 1934. II. 1384.

Verfahren und Vorrichtung zum Depolymerisieren, Dextrinieren, Trocknen und Konservieren von organischen Substanzen. Schorn, H. Belg.P. 403 910 vom 23/6.1934, ausg.26/10.1934. D.Prior. 24/6.1933. - Ref.C. 1936. II. 3159.

Dextrinierung von gelatinierter Stärke. National Adhesives Corp., übert.von: A.D. Fuller. A.P. 2 014 799 vom 7/9.1933, ausg. 17/9.1935. - Ref.C. 1936. I. 3589.

Dextrinähnliche Stärkeabbaustoffe. Stein, Hall Mfg. Co. D.R.P 654 102 Kl. 89k vom 8/12.1933, ausg.4/12.1937.

Verfahren für die Herstellung von Umwandlungsprodukten aus Stärke, wie z. B. Dextrin und dgl. Klebmitteln. Stein-Hall Mfg. Co. Holl.P. 39 355 Kl. 89k vom 2/12.1933, ausg.16/11.1936.

Herstellung von Dextrin und anderen Kleb-, Appretur- und Bindemitteln. Dreyer, A. und Kutzner, F. Holl.P. 34 520 Kl. 89k vom 20/12.1932, ausg.15/1.1935. D.Prior. vom 6/1.1932.

Herstellung von Dextrin. National Adhesives Corp., übert.von: A. D. Fuller. A.P. 1 937 752 vom 17/11.1932, ausg.5/12.1933. - Ref.C. 1934. II. 2915.

Herstellung von grieß- und pulverförmigen Produkten, insbesondere Dextrin. Dreyer, A. und Kutzner, F. D.R.P. 640 842 Kl. 89k vom 7/1.1932, ausg.13/1.1937. - Ref.C. 1937. I. 2694.

Behandlung von Stärke. National Adhesives Corp. F.P. 729 259 vom 5/1.1932, ausg.21/7.1932. A.Prior. 5/1.1931. - Ref.C. 1932. II. 2382.

Dextrinierung von Körnerfrüchten. Stein,Hall Mfg. Co., übert.von: H.F. Bauer. A.P. 1 938 574 vom 30/9.1931, ausg.12/12.1933. - Ref.C. 1934. II. 3061.

Umwandlung von Stärke. Stein, Hall Mfg. Co., übert.von: H.F. Bauer. A.P. 1 969 347 vom 24/7.1931, ausg.7/8.1934. - Ref.C. 1935. I. 2935.

Verfahren und Einrichtung zur Umwandlung von Stärke in Dextrin. Russia Cement Co. F.P. 705 739 vom 20/10.1930, ausg.11/6.1931. A.Prior. 9/12.1929. - Ref.C. 1931. II. 1505.

Verfahren und Einrichtung zur Herstellung von Dextrin aus Stärke. Russia Cement Co., übert.von: N.C. Phillips. A.P. 1 894 570 u. 1 894 571 vom 9/12.1929, ausg.17/1.1933. - Ref.C. 1933. I.2185.

Verfahren zur Herstellung von Dextrin. Krause, H. D.R.P.519 711 Kl. 89k vom 2/11.1929, ausg.3/3.1931. - Ref.C. 1931. I. 2948.

Verfahren zur Herstellung dextrinartiger Stärkepräparate. Gebrüder Haake (Erfinder: F. Höppler). D.R.P. 573 420 Kl. 89k vom 2/12. 1928, ausg.31/3.1933. - Ref.C. 1933. I. 3638.

Herstellung von Stärkeumwandlungsprodukten und Dextrin. International Patents Development Co., übert.von: C. Bergquist. A.P. 1 851 749 vom 3/8.1927, ausg.29/3.1932. - Ref.C. 1932. II. 1382.

Herstellung von Dextrin. K. Perl & F. Steinitzer. D.R.P. 456 841 Kl. 89k vom 6/7.1926, ausg.5/7.1928. - Ref.C. 1928. II. 1035.

Herstellung von Dextrinprodukten. Wulkan, H. D.R.P. 389 024 Kl. 22i vom 17/7.1921, ausg.29/9.1924. - Ref.C. 1929. I. 2670.

Herstellung von Dextrinprodukten. Wulkan, H. Oe.P. 99 008 vom 12/10.1921, ausg.10/1.1925. Zus.zu Oe.P. 97 684; C. 1925. I. 2670. - Ref.C. 1925. II. 98.

Dextrinherstellung. McLaurin. E.P. 130 120 vom 26/6.1918.

Dextrinherstellung. McLaurin; E.P. 130 119 vom 26/6.1918.

Vorrichtung zur Herstellung von Dextrin. Merill, J.J., übert.an: Corn Products Comp. A.P. 1 425 497 vom 2/11.1917, ausg.8/8. 1922. - Ref.C. 1922. IV. 1016.

Verfahren zur Gewinnung von kristallisierten Dextrinen. Pringsheim, H. D.R.P. 279 256 Kl. 12o vom 23/9.1913, ausg.15/10.1914. - Ref.C. 1914. II. 1135.

Verfahren zur Herstellung von Dextrin aus Stärke. Dextrin-Automat GmbH. D.R.P. 286 362 Kl. 89k vom 22/6.1912, ausg.2/8.1915. - Ref.C. 1915. II. 515.

Apparat zum Befeuchten von Dextrin. Uhland, W.H. D.R.P. 246 908 Kl. 89k vom 12/3.1911, ausg.13/5.1912.

Verfahren zur Herstellung eines nichthygroskopischen Dextrins. Bohme, H.Th. A.G. D.R.P. 252 827 Kl. 89k vom 26/8.1909, ausg. 28/10.1912.

Verfahren zum Befeuchten von Dextrin. Uhland, W.H. D.R.P.210 762 Kl. 89k vom 1/10.1908, ausg.9/6.1909.

Verfahren zum Befeuchten von Dextrin. Uhland, W.H. D.R.P.174 624 Kl. 89k vom 22/7.1905, ausg.27/9.1906. - Ref.C. 1906. IV. 1702.

Verfahren und Vorrichtung zum Befeuchten von Dextrin oder dgl. Gohrung und Hebenstreit. D.R.P. 176 931 Kl. 89k vom 8/3.1906, ausg.1/11.1906.

Verfahren, um die Löslichkeit des Dextrins zu erhöhen. Liesegang, R.E. F.P. 288 666 vom 9/5.1899.

Verfahren zur Erhöhung der Löslichkeit von Dextrin. Liesegang,R.E. D.R.P. 113 636 vom 9/5.1899, ausg.3/9.1900. - Ref.C. 1900. II. 799.

Verfahren zur Herstellung von Dextrinen und Leiogommen unter Beihilfe von Ozon. Pieper, C. D.R.P. 79 326 Kl. 89k vom 2/5.1894, ausg.22/1.1894.

Verfahren zur Umwandlung stärkehaltiger Substanzen in Stärkegummi oder Dextrin. Berge, A.H.J. D.R.P. 55 868 Kl. 89k vom 27/4. 1890, ausg.28/4.1891.

Neuerung an dem Verfahren zur Darstellung eines dem arabischen Gummi ähnlichen und wie dieser zu verwendenden zuckerfreien Dextrins. Schuhmann, A. D.R.P. 43 146 Kl. 89k vom 3/5.1887, ausg.3/5.1888. Zus.zu D.R.P. 41 931.

Verfahren zur Darstellung eines dem arabischen Gummi ähnlichen und wie dieser zu verwendenden zuckerfreien Dextrins. Schuhmann, A. D.R.P. 41 931 Kl. 89k vom 25/8.1886, ausg.11/1.1888.

Neuerungen in der Fabrikation von Dextrin. Blumenthal, T. D.R.P. 11 120 Kl. 89k vom 27/2.1880, ausg.8/10.1880.

Apparat zur Fabrikation von weißem Dextrin. Blumenthal, T. D.R.P. 10 593 Kl. 89k vom 27/2.1880, ausg.16/8.1880.

Verfahren, Stärkemehl durch Einwirkung von Kohlensäure in Dextrin oder Traubenzucker überzuführen. Bachet, F.M. und Savalle,F.D. D.R.P. 1 837 Kl. 6b vom 9/12.1877.

363. Eigenschaften, Untersuchung

(Vgl. auch "Konstitution von Dextrinen": 78, "Analytischer Nachweis": 572, "Kolloide Eigenschaften": 834)

Zur Thixotropie von Dextrinleimen. Rüggeberg, H. Stärke 16. 324-30 (1964).

Die Veränderung der Eigenschaften von Dextrin bei der Lagerung. Watanabe, H., Hase, S., Ozawa, Y., Arai, K., Nemoto, Y. und Suzuki, S. Rep.Food Res.Inst.(Tokyo) 1961. Nr.15. 1-6 - Ref.J.Chem.(russ.) 1962. 3 N311.

Rezepturen und Laboratoriumskontrolle in Dextrinfabriken. Linge, I.R.A. van. Adhäsion 5. 514-18 (1961). - Ref.Stärke 14. 190 (1962), C. 1963. 339, Ref.J.Chem.(russ.) 1962. 10 N 358.

Methode zur Identifizierung von Dextrinen. Otto, H. Stärke 4. 201-203 (1952).

Löslichkeit von Dextrin in Äthylalkohol. Takahashi, S., Numakami, T. und Katô, I. J.Soc.Brewing Japan 45. 320-322 (1950). - Ref.Stärke 4. 105 (1952).

Über Dextrinbestimmungsmethoden. Dörner, H. Getreide, Mehl, Brot 4. 206-08 (1950). - Ref.C. 1951. I. 2096.

Dextrinanalyse. Jackson, P.G. Textile Weekly 19. 155 (1937). - Ref.C. 1937. I. 3079.

Technische Prüfung des Säuregehaltes von Dextrin. Günther, R. Z.ges.Textilind. 33. 98-99 (1930). - Ref.C. 1930. II. 1005.

Über eine Erleichterung in der Bestimmung der Löslichkeit von Dextrinen. Parlow, A. Z.Spiritusind. 53. 52 (1930).

Über die Bestimmung der Löslichkeit von weißen Dextrinen und löslichen Stärken. Wolff, O. Z.Spiritusind. 52. 248-49 (1929). - Ref.C. 1930. I. 1390.

Eine schnell durchführbare Methode zur Bestimmung der Feuchtigkeit in Handelsdextrinen. Preuss, E. Z.Spiritusind. 48. 326-27 (1925) - Ref.C. 1926. I. 519.

Die Untersuchung von Handelsdextrin und verwandten Stärkeprodukten. Babington, F.W. und Watson, C.E. J.Soc.chem.Ind. 37. T. 257-58 (1918). - Ref.C. 1919. II. 925.

Analyse handelsüblicher Dextrine. Lamb, M.C. und Harvey, A. J.Soc.Dyers Colourists 34. 10-11 (1918). - W.Ref. 1973.

Die Löslichkeit von Dextrin. Lewis, W.K. J.ind. and Engng.Chem.6. 308-9 (1914). - Ref.C. 1914. I. 1883.

Untersuchung von Dextrin. Hastaden, E. Färber-Ztg. 20. 61 (1909).

Analyse der handelsüblichen Dextrine. Browne, C.A. und Bryan, A.H. 7. Int.Congr.appl.Chem., London, Proc., Sect. 5. 337-342 (1909). - W.Ref. 1960.

Prüfung der Handelsdextrine. Browne, C.A. U.S.Bur.Chem.,Bull.116. 66-68 (1907). - W.Ref. 1957.

Die Beurteilung und Untersuchung der Dextrine des Handels. Lippmann, F. Z.Spiritusind. 25. 237-238, 249, 269-271, 291, 304-306, 316-317 (1902). - W.Ref.2396.

Zur Untersuchung stärkereicher Handelsdextrine. Hefelmann, R. und Schmitz-Dumont, W. Z.öffentl.Chem. 4. 448-450 (1898). - W.Ref. 1951, C. 1898. II. 561.

Analysen von Dextrinen. Reinke, O. Z.Spiritusind. 15. 144 (1892). - W.Ref. 1947, C. 1892. I. 983.

Die Untersuchung der Gummimischung im Dextrin. (Auszug). Rev.int. Falsific. 6. 32-33 (1892). - W.Ref. 1948, C. 1892. II. 941.

Über die Untersuchung der Handelsdextrine. Hanofsky, C. Mitt. technol.Gewerbe-Museum Wien, Sect.chem.Gewerbe 3. 56-59 (1889). - W.Ref. 1942.

Über das Verhalten von Leim und Kohlehydraten etc. gegen Chromate unter dem Einflusse des Lichtes. Eder, J.M. J.prakt.Chem. 19. 294-301 (1879). - W.Ref. 677.

Stärkemehl-Produkte. Muster-Ztg. 20. 158-159 (1871). - W.Ref. 1933, C. 1871. 370.

Untersuchung einer neuen gummiartigen von den Herren Ch.Lefebvre Chabat etc. zu Paris "Leiocome" genannten Substanz. Schwarz, E. Erdmann's J. prakt.Chem. 6. 194-201 (1835). - W.Ref. 2378.

37. Stärke - Hydrolyselösungen

370. Allgemeines

(Vgl. auch "Hydrolyse": 65, "Stärkesirup": 38, "Dextrose": 39, Enzymatische Hydrolyse vgl. 92, 93, 941)

Chemie und Technologie der Stärkehydrolyse. Ravindram, M. Chem. Age India 16, 847-850 (1965).

Die Gewinnung von hochverzuckerten Produkten mittels der Methode der zweifachen Hydrolyse von Stärke. Galkina, G.W. Arb.zentr. wiss.Forsch.-Inst.Stärke- u.Stärkesirup-Ind.(russ.) 6. 25-39 (1963). - Ref.J.Chem.(russ.) 1964. 2 R318, Stärke 16. 100 (1964).

Bräunen von Nahrungsmitteln. 3. Mitt. Ein Versuch zur Verhütung der Verfärbung während der Hydrolyse von rohen Stärken. Obata, Y. und Sakamura, S. J.Japan.Soc.Food Nutrit. 7. 29-30 (1954/55). - Ref.C.A. 52. 20709g (1958).

Verfahren zum Aufschließen unter Hochdruck bei gleichzeitiger Säurehydrolyse. Alkohol.Ind. 65. 284-86 (1952). - Ref.C. 1953. 1573, Stärke 9. 164 (1957).

Hydrolyse von Stärke. Hähnel, S. und Wagenberg, F. Tekn.Tidskr. 1951. 101-07. - Ref.C. 1953. 4456.

Verzuckerung roher Stärke. Shibasaki, K. und Saji, N. J.Fermentation Technol.(Japan) 29. 1-4 (1951). - Ref.C.A. 47. 1958d (1953), Stärke 5. 96 (1953).

Über Aufschließungsversuche der Kartoffelstärke. Kühl, H. Mühle 75. Nr. 12. Mühlenlabor 8. 33-36 (1938). - Ref.C. 1938. I. 3983.

Die Aufschließung der Mehle auf enzymatischem, physikalischem und chemischem Wege. Kühl, H. Pharmaz.Ztg. 81. 1377-79 (1936). - Ref.C. 1937. I. 2043.

Die Verzuckerung stärkehaltiger Stoffe. Bondonneau, L. Bull.Soc. chim.France (2) 25. 2-5 (1876).

371. Hydrolyse von Stärke, Patente

(Auch Kohlenhydrate, Verzuckerung, Abbau, Aufschließen, Umwandlung. Stärkehaltige Rohmaterialien vgl. 372)

Ausrüstung für die Herstellung von Stärkehydrolysaten. Corn Products Co. (Erfinder: Schink, N.F. und McConiga, R.E.). F.P. 1 364 190 ausg.19/6.1964. A.Prior. 22/5.1962 u.18/1.1963. - Ref.C.A. 62. 7987b (1965).

Ein Verfahren zur Gewinnung von Hydrolysaten aus Getreidestärke. Tamohyna, J., Urge, J. und Repka, F. Tschechosl.P. 105 924 vom 4/12.1961, ausg.15/12.1962. - Ref.J.Chem.(russ.) 1964. 8 R363, C.A. 59. 14186g (1963).

Verfahren zur Gewinnung von hydrolysierter Stärke. Ishisaka, K. Japan.P. 13 047 ('63) vom 2/8.1961., ausg.23/7.1963. - Ref.J. Chem.(russ.) 1965. 21 R334.

Methode zur Verringerung der Verunreinigung einer oxy-verzuckerten aus Stärke hergestellten Lösung. Iwazawa, T., Yamasita, K. und Zuzimura, Z. Japan.P. 11 931 ('63) vom 28/12.1960., ausg.12/7. 1963. - Ref.J.Chem.(russ.) 1965. 23 R376.

Hydrolyse von Stärke. Fenikssowa, R.W., Rodsewitsch, W.I., Jarowenko, W.L., Kusnetzow, N.M., Schilowa, A.A. und Dobrolinskaja, G.M. UdSSR.P. 134 210 ausg.10/12.1960. - Ref.C.A. 55. 14952e (1961), C. 1964. 16-2710.

Abbauen von Stärke. Herth, H. F.P. 1 217 373 vom 12/2.1959., ausg. 3/5.1960. D.Prior. 12/2.1958., id.mit D.A.S. 1 055 469. - Ref.C. 1964. 44-2489.

Hydrolyse von Stärke und anderen Polysacchariden. Werkspoor, N.V. E.P. 807 807 vom 31/7.1956, ausg.21/1.1959. Holl.Prior. vom 29/8.1955. - Ref.C.A. 53. 10818d (1959).

Hydrolysieren von Stärke. Aktiebolaget Separator. F.P. 1 215 005 vom 29/10.1958., ausg.13/4.1960. Schwed.Prior. 30/10.1957., id.mit D.A.S. 1 074 520. - Ref.C. 1965. 51-2880.

Verfahren zum Aufschließen von Stärke. Herth, H. D.A.S. 1 055 469 Kl. 89k vom 12/2.1958, ausg.16/4.1959.

Verfahren zur Gewinnung eines löslichen Produkts durch Aufspaltung der Stärke. Sakurai, Y., Yadsima, A. und Nakai, H. Japan.P. 2138 ('61) vom 7/3.1958., ausg.28/3.1961. - Ref.J.Chem.(russ.) 1965. 23 R378.

Hydrolyse von Stärke und anderen Polysacchariden. Werkspoor, N.V. Holl.P. 86 135 Kl. 89i vom 15/8.1957. - Ref.C.A. 53. 2658e (1959), C. 1961. 329.

Hydrolysieren von Stärke. Werkspoor, N.V. Belg.P. 549 802 vom 25/7.1956, ausg.4/12.1959. Holl.Prior. 29/8.1955, id.mit D.A.S. 1 034 559. - Ref.C. 1960. 15932.

Hydrolysieren von Stärke und anderen Polysacchariden. Werkspoor, N.V. F.P. 1 165 884 vom 30/7.1956, ausg.30/10.1958.Holl.Prior. 29/8.1955, id.mit D.A.S. 1 034 559. - Ref.C. 1962. 7733.

Entwässern von Stärkehydrolysaten. Corn Products Refining Co. F.P. 1 189 867 vom 16/11.1956, ausg.7/10.1959. Mexican.Prior. 6/4.1956., id.mit D.A.S. 1 030 270. - Ref.C. 1962. 7733.

Hydrolysieren von Stärke. Werkspoor, N.V. (Erfinder: Kingma,W.G., Boon, E.F. und Vahl, L.). D.A.S. 1 034 559 Kl. 89i vom 16/8. 1956, veröff.17/7.1958. Holl.Prior. 29/8.1955., id.mit A.P. 2 946 706, F.P. 1 165 884, Aust.P. 214 954. - Ref.Stärke 10. 327 (1958), C. 1959. 7986, C.A. 54. 23390a (1960).

Hydrolysieren von Stärke. Werkspoor, N.V. (Erfinder: Boon, E.F., Vahl, L. und Klingma, W.G.). A.P. 2 946 706 vom 14/8.1956., ausg.26/7.1960. Holl.Prior. 29/8.1955., id.mit D.A.S.1 034 559; - Ref.C. 1962. 3294.

Apparat für die Hydrolyse von Proteinen, Stärke und ähnlichen Substanzen. Kawasakisha, T. Japan.P. 4914 ('54). - Ref.C.A. 49. 128901 (1955).

Hydrolysierung von Stärke mit weniger als 1 % unlöslichem Eiweiß. Corn Products Refining Co., übert.von: J.B.Gottfried, W.K. Luley u. W.B. Newkirk. A.P. 2 797 176 vom 6/11.1953, ausg.25/6. 1957. - Ref.C.A. 51. 17214h (1957), C. 1958. 6118.

Konvertierung von hochmolekularen Kohlenhydraten. Henkel & Cie. GmbH. (C.Ziegler, R. Köhler u. H. Rüggeberg). A.P. 2 818 357 vom 10/7.1953, ausg.31/12.1957. - Ref.C.A. 52. 12438e (1958).

Herstellung von Stärke-Abbauprodukten. Blattmann & Co. It.P. 502 624 vom 16/3.1953. Zusatz zu It.P. 473 749. - Ref.C. 1960. 14209.

Depolymerisierung von Stärke und anderen Polysacchariden. Kroyer, K.K.K. Holl.P. 95 530 vom 16/7.1952, ausg.15/10.1960. A.Prior. 17/7.1951., id.mit F.P. 1 067 899. - Ref.C. 1961. 17035.

Verfahren zur Herstellung von Stärke-Abbauprodukten. Blattmann & Co. D.B.P. 886 880 Kl. 89k vom 30/1.1951, ausg.17/8.1953. Zusatz zum D.B.P. 854 030 vom 30/11.1949.

Mittel zum Aufschließen von Stärke. Badische Anilin & Soda-Fabrik (I.G. Farbenindustrie AG. in Auflösung) (Erfinder: Schöller,C.). D.B.P. 870 530 Kl. 89k vom 5/7.1951, ausg.16/3.1953. Zusatz zum D.B.P. 807 920 vom 26/8. 1949.

Aufschließen von Stärke. Badische Anilin & Sodafabrik (Erfinder: C. Schöller). D.B.P. 807 920 Kl. 89k vom 26/8.1949, ausg.9/7. 1951. - Ref.C. 1952. I. 145.

Mittel zum Aufschließen von Stärke. Schöller, C. (Anm.: Badische Anilin- u. Sodafabrik). D.P. 52 895.89k angem.25/8.1949, ausg. 14/9.1950. - Ref.Stärke 2. 304 (1950).

Verfahren zur Herstellung von Stärke-Abbauprodukten. Blattmann & Co. (Erfinder: Stärkle, M. und Meier, E.). D.B.P. 854 030 Kl. 89k vom 30/11.1949, ausg.30/11.1952. Schwz.Prior.vom 2/4.1946 und 8/1.1947.

Stärkeumwandlung. Blattmann & Co. (Erfinder: Staerkle, M.A. und Meier, E.). A.P. 2 565 404 vom 29/3.1947, ausg.21/8.1951. Schwz. Prior. vom 4/4.1946. - Ref.Stärke 4. 59 (1952), C. 1952. 5663, C.A. 46. 768c (1952).

Verzuckerung eiweißhaltigen Stärkematerials. Usines de Melle, P. Vergnaud und J. Pigeot. E.P. 654 470 vom 5/3.1948, ausg.20/6. 1951. - Ref.C. 1952. 2594.

Aufschließen von Getreide. Fritsch, A. und Zalasiewitz, H. F.P. 961 839 vom 17/11.1947, ausg.23/5.1950. Oe.Prior. 3/12.1946. - Ref.C. 1951. I. 1396.

Verzuckerung von Weizenstärke. Doughnut, Corp. of America, übert. von Walsh, J., Levitt, M., David, M., Goodmann, A.H. A.P. 2 442 789 vom 11/11.1944, ausg.8/6.1948. - Ref.C. 1948. II.1242.

Hydrolyse von Kohlenhydraten. Scholten's Chemische Fabrieken (Erfinder: H.A. van Westen u. C.M.H. Kool). D.B.P. 879 980 Kl. 89i vom 15/10.1944, ausg.18/6.1953. Holl.Prior. 30/9.1943. - Ref.C. 1953. 8228, Stärke 6. 11 (1954).

371

Verzuckern von Stärke. Ssipjagin, A.S. UdSSR.P. 65 092 vom 25/12. 1943, ausg.31/8.1945. - Ref.C. 1949. E. 3637.

Aufschließen von Stärke. Herth, H. D.P. (DDR) 6477 Kl. 89k vom 15/8.1943, ausg.29/1.1954. Zusatz zu D.P. (DDR) 5178. - Ref.C. 1956. 10613.

Mittel zum Stärkeaufschluß. Herth, H. D.B.P. 900 080 vom 15/8.1943, ausg.17/12.1953. - Ref.C. 1954. 3824, Stärke 6. 112 (1954).

Verfahren zum Hydrolysieren bzw. zur hydrolysierenden Hydrierung von Kohlehydraten in saurem Medium. Scholten's Chemische Fabrieken N.V. (Erfinder: Westen, H.A. van). D.P. (DDR) 3 195 vom 1/10.1943, ausg.7/12.1953.

Verzuckerung von Stärke. Meijer's Dextrinfabrieken, O.J., N.V. F.P. 891 512 vom 25/3.1943, ausg.9/3.1944. Holl.Prior.17/4.1942. - Ref.C. 1946. I. 1333.

Hydrolyse von Cellulose- und Stärkematerial. Stichting Brandstof-Onderzoek (Erfinder: F. Bloemen). F.P. 895 643 vom 31/10.1942, ausg.30/1.1945. - Ref.C. 1946. I. 1333.

Verzuckerung von Polysacchariden. Meijer's Dextrinfabrieken, O.J., N.V. Holl.P. 68 718 vom 23/2.1941, ausg.15/9.1951. - Ref.Stärke 4. 226 (1952).

Stärkeaufschluß. Herth, H. D.B.P. 895 130 Kl. 89k vom 17/3.1940, ausg.29/10.1953. - Ref.C. 1954. 213, Stärke 6. 11 (1954).

Aufschließen von Stärke durch Homogenisieren von Stärkemilch. Neubaur, H. D.R.P. 756 659 vom 28/7.1940, ausg.4/11.1952. - Ref. Stärke 5. 18 (1953).

Aufschließen der Stärke. Herth, H. D.P. (DDR) 5 178 Kl. 89k vom 17/3.1940, ausg.23/7.1953. (Ausschließungspatent). - Ref.C.1955. 6413.

Hydrolysieren von Stärke. Refining Inc., übert.von: R.E. Burns. A.P. 2 233 243 vom 17/1.1939, ausg.25/2.1941. - Ref.C. 1941. II. 1932.

Verzuckern von Stärke. Staley, A.E. Mfg. Co., übert.von: J.K. Dale u. D.P. Langlois. A.P. 2 201 609 vom 9/8.1938, ausg.21/5.1940. - Ref.C. 1940. II. 2100.

Verzuckerung von Stärke. Union Starch and Refining Co., übert.von: Fetzer, W.R. A.P. 2 210 659 vom 5/7.1938, ausg.6/8.1940. - Ref.C. 1941. I. 711.

Herstellung von dextrosehaltigen Zuckerprodukten aus Kohlenhydraten. Kröner, W. und Kothe, H. A.P. 2 186 075 vom 14/6.1938, ausg. 9/1.1940. D.Prior. 28/6.1937. - Ref.C. 1940. II. 835.

Verzuckerung von Stärke mit Säuren. Usines de Melle. Ind.P. 25 739 vom 11/10.1938, ausg.18/2.1938. - Ref.C. 1939. I. 4126.

Verzuckerung von Stärke. Usines de Melle, Soc.An. F.P. 849 463 vom 30/7.1938, ausg.24/11.1939. - Ref.C. 1941. I. 1893.

Verzuckerung von Stärke. Staley, A.E. Mfg.Co., übert.von: D.P. Langlois. A.P. 2 169 051 vom 19/3.1937, ausg.8/8.1939. - Ref.C. 1939. II. 4119.

Verzuckerung von Stärke. Staley, A.E., Mfg.Co. E.P. 501 142 vom 25/8.1937, ausg.23/3.1939. - Ref.C. 1939. II. 252.

Verzuckerungsprodukte aus Maisstärke. American Maize-Products Co., übert.von: R.E. Daly u. J.F. Walsh. A.P. 2 094 558 vom 30/6. 1936, ausg.28/9.1937. - Ref.C. 1938. I. 204.

Stärkeverzuckerung. Patent Co., Ltd. F.P. 803 298 vom 11/9.1936, ausg.26/9.1936. - Ref.C. 1937. I. 3237.

Herstellung von Persauerstoffverbindungen der Fettalkoholpyrophosphorsäureester (für Stärkeaufschluß). Böhme Fettchemie-Ges. mbH. (Erfinder: K. Butz). D.R.P. 649 322 Kl. 12o vom 29/7.1933, ausg.20/8.1937. - Ref.C. 1937. II. 3404.

Beschleunigung von Umsetzungen, die unter Wasseranlagerung oder -abspaltung verlaufen (Esterverseifung, Zuckerinversion, Zersetzung von Glucosiden, Acetalen, Veresterung). Spellmeyer,E.F. A.P. 2 047 839 vom 27/2.1932, ausg.14/7.1936. - Ref.C. 1936. II. 4047.

Verfahren zum Abbau hochpolymerer Kohlenhydrate. Schlubach, H. D.R.P. 562 387 Kl. 12o vom 20/2.1932, ausg.25/10.1932. Zusatz zu D.R.P. 554 699. - Ref.C. 1933. I. 340.

Verfahren zum Abbau hochpolymerer Kohlenhydrate. Schlubach, H. D.R.P. 587 495 Kl. 12o vom 9/7.1932, ausg.4/11.1933. - Ref.C. 1934. I. 637.

Abbau hochpolymerer Kohlenhydrate. Schlubach, H. D.R.P. 555 809 Kl. 12o vom 22/4.1931, ausg.4/8.1932. - Ref.C. 1932. II. 2899.

Verzuckerung von Cellulose, Stärke, Baumwolle, Stroh, Holz u. a. Schlubach, H. F.P. 720 479 vom 15/7.1931, ausg.19/2.1932. D.Prior. 17/7.1930 u. 21/4.1931. - Ref.C. 1932. II. 1554.

Aufgeschlossenes Kartoffelmehl. Hollandsche Pelmolen, N.V. de. Holl.P. 32 004 vom 13/5.1931, ausg.15/2.1934. - Ref.C. 1934. I. 3534.

Abbau von hochpolymerisierten Kohlenhydraten. Schlubach, H. E.P. 369 115 vom 17/7.1931, ausg.19/2.1932. D.Prior.17/7.1930 u. 21/4.1931. - Ref.C. 1932. II. 1554.

Herstellung organischer Sulfopersäureverbindungen (für Stärkeaufschluß). Farb- u. Gerbstoffwerke C. Flesch, jr. D.R.P. 561 521 Kl. 12o vom 28/11.1930., ausg.15/10.1932. F.P. 726 140 vom 10/11.1931, ausg.23/5.1932. - Ref.C. 1932. II. 3962.

Verfahren zum Abbau hochpolymerer Kohlenhydrate. Schlubach, H. D.R.P. 555 808 Kl. 12o vom 22/4.1931, ausg.28/7.1932. - Ref.C. 1932. II. 2565.

Verfahren zum Abbau hochpolymerer Kohlenhydrate. Schlubach, H. D.R.P. 554 699 Kl. 12o vom 18/7.1930, ausg.12/7.1932. - Ref.C. 1932. II. 2565.

Verzuckerung von Cellulose, Stärke und anderen Kohlenhydraten. Dreyfus, H. E.P. 349 032 vom 19/2.1930, ausg.18/6.1931. - Ref.C. 1931. II. 1367.

Verfahren und Vorrichtung zur Konvertierung von Stärke. International Patents Development Co. D.R.P. 536 533 Kl. 89i vom 13/5.1929, ausg.24/10.1931.

Abbau von Stärke zu gärungsfähigem Zucker. Prükl, J. Oe.P.101 963 vom 23/2.1925, ausg.10/12.1925. - Ref.C. 1926. I. 2983.

Umwandlung von Stärke oder dgl. Penick & Ford, Ltd., übert.von: J. M. Widmer. A.P. 1 578 568 vom 23/5.1923, ausg.30/3.1926. - Ref.C. 1926. II. 667.

Aufschließen stärkehaltiger Rohprodukte. Fretwurst, F. D.R.P. 436 879 Kl. 6b vom 20/12.1923, ausg.10/11.1926. - Ref.C. 1927. I. 532.

Verzuckern von Stärke. Dextrin Automat GmbH. E.P. 215 705 vom 4/8. 1923, Auszug veröff.2/7.1924. - Ref.C. 1924. II. 2095.

Verfahren zum Verflüssigen und Verzuckern von Stärke. Dextrin Automat GmbH. D.R.P. 411 206 Kl. 89i vom 18/5.1923, ausg.24/3. 1925. Österr.Prior. 9/5.1923.

Verzuckerung von Stärkemehl und dgl. Société d'Exploitation des Procédés H. Boulard. Holl.P. 8 951 vom 9/11.1923, ausg.15/5. 1923. - Ref.C. 1923. IV. 734.

Verfahren zur Verflüssigung und Verzuckerung von Stärke oder stärkehaltigen Produkten. Dextrin Automat GmbH. F.P. 569 320 vom 2/8.1923, ausg.10/4.1924. Oe.Prior. 9/5.1923. - Ref.C. 1928. I. 2468.

Löslichmachung und Verzuckerung stärkehaltiger Stoffe.Geyster, G. de. F.P. 553 499 vom 6/8.1922, ausg.24/5.1923. - Ref.C. 1923. IV. 954.

Herstellung zuckerhaltiger Produkte. Development & Research Laboratories, Inc., übert.von: G.D. Thévenot. A.P. 1 547 845 vom 19/3.1921, ausg.28/7.1925. - Ref.C. 1926. I. 254.

Stärkeprodukte. Singer, P.A. A.P. 1 564 979 vom 31/1.1917, ausg. 8/12.1925. - Ref.C. 1926. I. 2154.

Über die Verzuckerung der Stärke durch Flussäure. Kunz, E. Z.Spiritusind. 38. 295-296, 306 (1915). - W.Ref. 125, C.A. 9. 3375 (1915), C. 1915. II. 783.

Ausführung chemischer Reaktionen. Kochmann, W. D.R.P. 474 075 Kl. 12g vom 6/5.1914, ausg.26/3.1929. - Ref.C. 1929. I. 2678.

Verfahren zur Umwandlung von Stärke in gärfähigen Zucker. Classen, A. A.P. 654 439 vom 29/1.1900, ausg.24/7.1900.

Verfahren zur teilweisen Aufschließung von Stärke. Bellmas, B. D.R.P. 118 089 Kl. 89k vom 22/4.1897, ausg.1/3.1901, Zus.zu D.R.P. 110 957.

Verfahren zur Aufschließung von Stärke. Bellmas, B. D.R.P.110 957 Kl. 89k vom 22/4.1897, ausg.21/4.1900. - Ref.C. 1900. I. 613.

Hydrolyse mittels schwefliger Säure. Dubiel, J. A.P. 456 481 (1891).

Hydrolyse mittels schwefliger Säure. Bergé, A.H.J. A.P.432 358 (1890).

Verfahren zur Verzuckerung von Stärke oder stärkehaltigen Rohstoffen durch schweflige Säure unter Hochdruck zur Herstellung von Glucose-Syrup oder Brauerei- oder Brennerei-Maische. Bergé, A.H.J. D.R.P. 47 572 Kl. 89i vom 7/2.1888, ausg.27/6. 1889.

Hydrolyse mittels schwefliger Säure. Kingsford, Th. A.P. 280 045 (1883).

Verfahren der Umwandlung von Stärke und Cellulose in Rohrzucker (Saccharose) unter Anwendung von Elektrizität. Aubert, L. und Giraud, V. D.R.P. 32 388 Kl. 89i vom 3/12.1884, ausg.11/7.1885.

Neutralisation mit Sulfiten. Kayser, A. A.P. 304 108 (1884).

Hydrolyse mittels schwefliger Säure. Fell, A. A.P. 268 653. (1882).

372. Hydrolyse von stärkehaltigen Materialien, Patente

Hydrolyse von wasserunlöslichen Polysacchariden und Peptiden. Hollo, J. und Toth, J. Ung.P. 151 625 vom 3./11.1962., ausg. 23/11.1964. - Ref.C.A. 62. 9236e (1965).

Verfahren und Apparate zur Verkochung von stärkehaltigen Produkten. Leach, J.M. A.P. 3 018 182 ausg. 23/1.1962. - Ref.J.Chem.(russ.) 1963. 7 R273.

Hydrolyse von stärkehaltigen Rohstoffen. Feniksowa, R.W., Rodsewitsch, W.I., Jarowenko, W.L., Kusnetzow, N.M., Schilowa, A.A. und Dobrolinskaja, G.M. UdSSR.P. 134 210 vom 9/5.1960, ausg. 10/12.1960. - Ref.C.A. 55. 14952e (1961), C. 1964. 16-2710.

Aufschließen stärkehaltiger Produkte. Carl, J. D.A.S. 1 078 972 vom 30/8.1958, veröff.7/4.1960. Zusatz zu D.A.S. 1 054 406. - Ref.Stärke 13. 416 (1961), C.A. 55. 20470f (1961).

Kontinuierlich arbeitender Röhrenkocher für gemahlene stärkehaltige Rohstoffe. Garber, B.F. UdSSR.P. 110 439 ausg.25/6. 1958. - Ref.C.A. 52. 13295c (1958).

Einrichtung zum Aufschließen stärkehaltiger Produkte durch Dampfeinwirkung. Carl, J. D.A.S. 1 054 406 vom 25/10.1952, veröff. 9/4.1959. - Ref.C.A. 55. 6960h (1961).

Rasche Verzuckerung von stärkehaltigen Rohstoffen. Dietrich, K. D.B.P. 845 778 vom 10/4.1951, ausg.4/8.1952. - Ref.Stärke 4. 267 (1952).

Verzuckerung stärkehaltiger Pflanzenteile. Usines de Melle (Erfinder: P. Vergnaud und J. Pigeot). F.P. 1 000 486 vom 12/2. 1946, ausg.12/2.1952. - Ref.C. 1956. 1174.

Verbesserungen bei der Hydrolyse von Cellulose, Celluloseprodukten und stärkehaltigen Stoffen. État Francais (Erfinder: P.R. L. Espil). F.P. 930 395 vom 9/7.1946, ausg.23/1.1948. - Ref.C. 1948. E. 1002.

Hydrolyse von Cellulosematerial, Hemicellulosen, Polysacchariden und solche Stoffe enthaltenden Materialien. Stichting Brandstof-Onderzoek. F.P. 51 813 vom 30/12.1941, ausg.4/5.1943. Zus.Pat. zu: F.P. 880 983 vom 6/12.1941. - Ref.C. 1944. I.1141.

Hydrolyse von Cellulosematerial, Hemicellulosen, Polysacchariden und solche Stoffe enthaltenden Materialien. Stichting Brandstof-Onderzoek. F.P. 880 983 vom 6/12.1941, ausg.12/4.1943. - Ref.C. 1944. I. 1141.

Hydrolyse von Cellulosematerial, Hemicellulosen, Polysacchariden und diese Stoffe enthaltenden Substanzen. Stichting Brandstof-Onderzoek. F.P. 882 782 vom 29/1.1942, ausg.15/6.1943. - Ref.C. 1944. I. 1247.

Hydrolysieren von Cellulosestoffen, Hemicellulosen, Polysacchariden und ähnlichem Material. Stichting Brandstof-Onderzoek. F.P. 880 973 vom 4/12.1941, ausg.12/4.1943. - Ref.C. 1944. I. 1141.

Hydrolysieren von Cellulosestoffen, Hemicellulosen, Polysacchariden und von diesen Substanzen enthaltenden Stoffen. Stichting Brandstof-Onderzoek. F.P. 879 847 vom 6/11.1941, ausg.5/3.1943 - Ref.C. 1944. I. 1141.

Hydrolyse von Cellulose, Hemicellulosen, Stärke, Polysacchariden und dgl. Stichting Brandstof-Onderzoek. Holl.P. 54 585 vom 8/8.1941, ausg.15/5.1943. - Ref.C. 1944. I. 252.

Verfahren zur Verzuckerung von stärkehaltigen Materialien. National Agrol Co., Inc., übert.von: Christensen, L.M. A.P. 2 342 330 vom 2/10.1940, ausg.22/2.1944.

Verzuckerung von stärkehaltigen Stoffen. Usines de Melle Soc.An. F.P. 850 563 vom 30/8.1938, ausg.20/12.1940. - Ref.C. 1941. I. 837.

Verzuckerung von stärkehaltigen Stoffen. Chemical Foundation Inc., übert.von: W.K. McPherson u. L.M. Christensen. A.P.2 219 368 vom 22/3.1938, ausg.29/10.1940. - Ref.C. 1941. I. 1367.

Verzuckerung von stärkehaltigem Material mit Säuren. Ateliers Pingris & Mollet-Fontaine Réunis, Soc.An. F.P. 847 440 vom 13/6.1938, ausg.10/10.1939. - Ref.C. 1940. I. 2570.

Verzuckerung von stärkehaltigen Stoffen. Usines de Melle und Boinot, Firmin. F.P. 837 335 vom 26/10.1937, ausg.8/2.1939. - Ref.C. 1939. I. 4126.

Gewinnung von Zucker aus Kartoffeln oder anderen stärkehaltigen Wurzelfrüchten. Patent Co., Ltd. F.P. 804 090 vom 11/3.1935, ausg.15/10.1936. - Ref.C. 1937. I. 2282.

Konvertierung von Getreidearten. Stein-Hall Mfg. Co. (Erfinder: Bauer, H.F.). Schwed.P. 85 707 Kl. 89k vom 9/12.1933, ausg. 25/2.1936.

Herstellung von Stärkezuckern und gleichzeitige Gewinnung von Cellulose aus Pülpe der Stärkegewinnung aus Kartoffeln. Ubbelohde, A. D.R.P. 614 505 Kl. 89i vom 16/4.1933, ausg. 11/6.1935. - Ref.C. 1935. II. 2465.

Verfahren und Apparatur zur Verzuckerung von cellulose- und stärkehaltigen Stoffen. Fouque, H.R., M. Moreau u. Soc. des Procédes Fouque. F.P. 37 529 vom 24/10.1929, ausg.20/12.1930. - Ref.C. 1931. I. 2415.

Verfahren zum Verzuckern von Kartoffeln. Verein der Spiritus-Fabrikanten in Deutschland. D.R.P. 548 703 Kl. 6b vom 14/6.1928, ausg.18/4.1932. - Ref.C. 1932. II. 139.

Verfahren und Apparatur zur Verzuckerung von cellulose- und stärkehaltigen Stoffen. Fouque, H.R., Moreau, M. und Sociétédes Procédés Fouque. F.P. 678 582 vom 6/11.1928, ausg.2/4.1930. - Ref.C. 1930. II. 157.

Verzuckerung von cellulose- und stärkehaltigen Produkten. Scholler, H. E.P. 315 462 vom 13/4.1928, ausg.8/8.1929. - Ref.C. 1929. II. 3254.

Verfahren zur Darstellung von Traubenzuckersyrup unmittelbar aus Kartoffelreibsel, Kartoffelpülpe, Schlammstärke und anderen stärkemehlhaltigen Produkten. Pieper, C. D.R.P. 77 158 Kl.89i vom 22/8.1891, ausg.18/10.1894.

Apparat zur Gewinnung von Zucker aus stärkemehlhaltigen Pflanzenstoffen. Bondonneau, V. und Forêt, G. D.R.P. 42 519 Kl. 891 vom 4/3.1887, ausg.22/2.1888.

Neuerungen an dem Verfahren der Umwandlung stärkehaltiger Körper in Maltose und Maltosesirup. Leplay, P. D.R.P. 19 125 Kl. 89i vom 27/3.1881, ausg.4/8.1882.

373. Kontinuierliche Hydrolyse von Stärke

(Auch Verzuckerung stärkehaltiger Rohstoffe, auch kontinuierliche Gewinnung von Sirup)

Umwandlung von Stärke und anderen Polysacchariden in Dextrose und Maltose. Krøyer, K.K.K. Belg.P. 650 378 ausg.11/1.1965. Dän. Prior. 15/7.1963. - Ref.C.A. 63. 11845e (1965).

Erfahrungen bei der kontinuierlichen Verflüssigung von Stärke mit Säure und α-Amylase. Kingma, W.G. Stärke 17. 284-89 (1965).

Über den Nutzeffekt des Verfahrens der kontinuierlichen Verzuckerung von Stärkemilch und des Neutralisierens von Sirup. Bytschkow, B.K. Zucker-Ind.(russ.) 38. 860-63 (1964). - Ref.J.Chem.(russ.) 1965. 8 R318.

Die Hydrolyse von Stärke - Untersuchung eines kontinuierlichen Verfahrens. Banerjee, P.K., Anand, K.S., Das, B.P. und Basu, A.N. J.Proc.Instn.Chemists (India) 36. Nr.1. 18-24 (1964). - Ref.J.Chem.(russ.) 1965. 2 R206, C.A. 61. 7214e (1964), Stärke 18. 199 (1966).

Kontinuierliche Hydrolyse von Stärke. Roquette Freres (Erfinder: Huchette, M. und Deves, F.). F.P. 1 391 082 vom 21/1.1964., ausg.5/3.1965. - Ref.C.A. 63. 13552d (1965).

Kontinuierliche Hydrolyse von Stärke. Roquette Freres (Erfinder: Huchette, M., Devos, F. und Requin, E.). F.P. 1 391 011 vom 27/12.1963., ausg.5/3.1965. - Ref.C.A. 63. 13552c (1965).

Kontinuierliche Verzuckerung von Maisstärke. Johnston, J.F. Candy Ind. 121. Nr.13. 45-46 (1963). - Ref.J.Chem.(russ.) 1964. 16 R338.

Untersuchung eines kontinuierlich wirkenden Film-Vakuumapparates. Mitrofanow, W.P., Ssolowjew, D.T. und Maramochin, I.I. Zucker-Ind.(russ.) 1963. Nr.5. 61-66. Ref.J.Chem.(russ.) 1963. 21 R289.

Die Änderung der Kohlenhydratzusammensetzung von Stärkehydrolysaten während der Verzuckerung in einer kontinuierlich arbeitenden Verzuckerungsanlage. Galkina, G.W. Arb.zentr.wiss.Forsch.-Inst.Stärke- u. Stärkesirup-Ind.(russ.) 5. 18-37 (1963). - Ref.J.Chem.(russ.) 1963. 19 R282, Stärke 17. 30 (1965).

Automatisierung der kontinuierlichen Neutralisation saurer Stärkesirupe. Lejberman, L.A. und Nowikow, K.I. Zucker-Ind.(russ.) 36. Nr.9. 60-62 (1962).

Kontinuierliches Verfahren zur enzymatischen Stärkekonversion. West Virginia Pulp and Paper Co. A.P. 3 149 049 vom 21/5.1962 ausg.15/9.1964. - Ref.C.A. 62. 1052c (1965), C. 1966. 17-3141.

373

Untersuchungen über die Hydrolyse von Stärke, 1. Mitt. Kontinuierliche Verzuckerung von Bataten-Stärke durch Oxalsäure. Tamura, T., Hanno, Y., Kawase, N., Tokanaga, K., Morishita, T., Konaka, S. und Suzuki, S. J.technol.Soc.Starch (Japan) 9. 149-54 (1962). - Ref.J.Chem.(russ.) 1963. 3 R266.

Kontinuierliche Umwandlung von Stärke in Dextrose und ähnliche Produkte. American Maize-Products Co. (Erfinder: Taylor,G.G.). A.P. 3 169 083 vom 9/3.1961., ausg.9/2.1965. - Ref.C.A. 62. 10656a (1965).

Kontinuierliche Herstellung von Stärkehydrolysaten. Escher Wyss GmbH. (Erfinder: Goos, H. und Maurer, H.W.). D.A.S.1 190 890 vom 21/10.1961., ausg.8/4.1965. Zus.zu D.A.S. 1 172 620. - Ref.C.A. 62. 16494h (1965).

Die kontinuierlichen Verfahren der Stärkehydrolyse. Szejtli, J. Zseszipar 1961. 106-08, 119 u. 120. - Ref.J.Chem.(russ.) 1962. 10 N356.

Erfahrungen hinsichtlich der kontinuierlichen Stärkeverzuckerung bei der Stärkesirupproduktion. Krawtschenko, Ss.F. Zucker-Ind. (russ.) 35. Nr.5. 55-61 (1961). - Ref.Stärke 14. 67 (1962), C. 1962. 19041, Ref.J.Chem.(russ.) 1961. 24 N320.

Die Wirtschaftlichkeit der vollkontinuierlichen Glukoseherstellung am Beispiel des Krøyer-Verfahrens. Glent-Madsen, E. Stärke 13. 254-57 (1961). - Ref.J.Chem.(russ.) 1962. 3 N309, C. 1962. 5127.

Anlage zur kontinuierlichen Verzuckerung von Stärke. Ohara, S. Sangyo kikai Nr. 113. 32-34 (1960). - Ref.J.Chem.(russ.) 1961. 12 N417.

Kontinuierliche Verzuckerungsanlage für die Glucoseproduktion. Nakamura, M., Yoshihiro, Y. und Higurashi, K. J.chem.Soc. Japan, ind.Chem.Sect. 63. 323-28 (1960). - Ref.J.Chem.(russ.) 1961. 2 N312, C. 1961. 16683.

Ein neues Verfahren zur kontinuierlichen Hydrolyse von Stärke in der Sirupindustrie. Kingma, W.G. Ingenieria e ind. (Madrid) 27. Nr.310. 138-40, 142, 144 (1960). - Ref.J.Chem.(russ.) 1961. 13 N450.

Kontinuierlicher Röhrenkocher zur Verzuckerung von stärkehaltigen Materialien. Aschkinusi, A.A., Mamunja, A.Ju., Naletow, I.F., Redko, D.I., Jegorow, A.A., Makarow, I.I., Rabinowitsch, B.D., Ssemernja, W.M. und Janowskii, W.S. UdSSR.P. 131 316 ausg. 10/9.1960. Zusatz zu UdSSR.P. 119 849. - Ref.C.A. 55. 6896h (1961).

Kontinuierliche Verzuckerung von Stärke. Saito, N. Japan.P. 16 971 ('60) ausg.16/11.1960. - Ref.C.A. 55. 19288h (1961), Ref.J.Chem.(russ.) 1965. 18 R313.

Die kontinuierliche Hydrolyse von Stärke. Chorie, C. Japan.P. 4 139 ('59) ausg.27/5.1959. - Ref.J.Chem.(russ.) 1962. 5 N356.

Die mathematische Untersuchung der kontinuierlichen Verzuckerung von Stärke. Voicu, I. und Badescu, R. Bull.Inst.polytechn. Jassy 5. 143-48 (1959). - Ref.C.A. 55. 13886f (1961), Ref.J. Chem.(russ.) 1961. 9 N375, Stärke 14. 147 (1962).

Kontinuierlicher Röhrenkocher zur Verzuckerung von stärkehaltigen Materialien. Aschkinusi, A.A., Mamunja, A.U., Naletow, I.F., Redko, D.I., Jegorow, A.A., Makarow, I.I., Rabinowitsch, B.D., Ssemernja, W.M. und Janowskii, W.Ss. UdSSR.P. 131 316 ausg. 10/9.1960. Zusatz zu UdSSR.P. 119 849. - Ref.C.A.55. 6896h (1961).

Ein neues Verfahren der kontinuierlichen Stärkehydrolyse. Mautner, M. Stärke 11. 234-39 (1959). - Ref.J.Chem.(russ.) 1960. 59050, C. 1960. 6687, C.A. 54. 5137 (1960).

Hydrolysieren von Stärke. Aktiebolaget Separator (Erfinder: Mautner, M. und Bierke, S.). Schwed.P. 167 419 vom 9/6.1959. - Ref.J.Chem.(russ.) 1960. 82660, C.A. 54. 4010h (1960).

Kontinuierlich arbeitender Apparat zur Verzuckerung von stärkehaltigem Rohmaterial. Aschkinusi, S.K., Jegorow, A.Ss., Mamunja, A.Ju., Makarow, I.I., Naletow, I.F., Rabinowitsch, B.D., Redko, D.I., Ssemernja, W.M. und Janowski, W.Ss. UdSSR.P. 119 849 vom 21/5.1959. - Ref.C.A. 54. 4012a (1960).

Über die Herstellung von Stärkesirup und Glukose nach dem Krøyer-Verfahren. Winkler, S. Branntweinwirtschaft 80. 55 (1958).

Umwandlung von Stärke und anderen Polysacchariden in Glucose. Krøyer, K.K.K. Dän.P. 86 215 ausg.8/12.1958. - Ref.C.A. 53. 8674b (1959).

Kontinuierliche Stärkehydrolyse. Aktiebolaget Separator (Erfinder: Bierke, S. und Mautner, M.). A.P. 2 989 425 vom 18/11. 1958., ausg.20/6.1961. Schwed.Prior. 30/10.1957, id.mit D.A.S. 1 074 520. - Ref.C. 1963. 6050.

Kontinuierliche Stärkehydrolyse. Aktiebolaget Separator. E.P. 836 764 vom 30/10.1958, ausg.9/6.1960. Schwed.Prior. 30/10. 1957., id.mit D.A.S. 1 074 520. - Ref.C. 1961. 17035.

Verfahren zur kontinuierlichen Hydrolyse von Stärke. Aktiebolaget Separator (Erfinder: Bierke, S. und Mautner, M.). D.A.S. 1 074 520 Kl. 89i vom 8/10.1958, veröff. 28/1.1960. Schwed. Prior. vom 30/10.1957. - Ref.C. 1960. 12191, Stärke 12. 342 (1960).

Kontinuierliche Stärkekonvertierung. Krøyer, K.K.K. D.A.S. 1 069 090 Kl. 89i vom 5/2.1958, veröff. 12/11.1959. Dän.Prior. 8/2.1957. - Ref.C. 1960. 12 865, Stärke 12. 340 (1961), C.A.55. 25306f (1961).

Kontinuierliches Groß-Verfahren zum Konvertieren von Stärke in Zucker. Food Engng. 29. 104-7 (1957).

Ein neues Verfahren für die kontinuierliche Hydrolyse von Stärke zu Glukosesirup. Kingma, W.G. Stärke 9. 189-93 (1957). - Ref. J.Chem.(russ.) 1958. 65753, C.A. 52. 13193g (1958), C. 1959. 2310.

Über die Herstellung von Stärkesirup und Glucose nach dem Krøyer-Verfahren. Winkler, S. Brauerei 11. 742 (1957). - Ref.C. 1960. 2374.

Herstellung von Stärkesirup. Krøyer, K.K.K. F.P. 1 184 611 vom 11/7.1957, ausg.23/7.1959. Dän.Prior. 11/7.1956, id.mit D.A.S. 1 047 130. - Ref.C. 1964. 44-2487.

Kontinuierliche Herstellung von Glucosesirup. Krøyer, K.K.K. D.A.S. 1 047 130 Kl. 891 vom 9/7.1957, veröff.18/12.1958. Dän. Prior. 11/7.1956. - Ref.C. 1959. 11093.

Stärkesirup. Krøyer, K.K.K. E.P. 823 472 vom 5/7.1957. Dän. Prior. 11/7.1956. - Ref.C. 1961. 8507.

Kontinuierliche Herstellung von Glucosesirup. Krøyer, K.K.K. A.P. 2 954 304 vom 5/7.1957, ausg.27/9.1960. Dän.Prior. 11/7. 1956., id.mit D.A.S. 1 047 130. - Ref.C. 1962. 2569, Stärke 14. 382 (1962).

Praktische Erfahrungen mit dem Krøyer-Verfahren zur kontinuierlichen Stärkekonversion. Borud, Ole J. Stärke 6. 148-52 (1954). - Ref.C. 1955. 4473.

Apparat zur kontinuierlichen Konvertierung von Stärke in Dextrose enthaltende Produkte und Glucose. Krøyer, K.K.K. A.P.2 735 792 vom 17/7.1951, ausg.21/2.1956. - Ref.C.A. 50. 6823e (1956).

Verfahren zur kontinuierlichen Hydrolyse und anschließenden kontinuierlichen Neutralisation. Schober, S. D.P. (DDR) 17 341 vom 27/10.1956, ausg.27/7.1959. (Wirtschaftspatent). - Ref.Stärke 12. 218 (1960), C.A. 54. 17992b (1960), C.1961. 7701.

Weitere Erfahrungen auf dem Gebiet der kontinuierlichen Stärkekonvertierung, der Saftreinigung und Verdampfung. Krøyer, K. K.K. Stärke 7. 257-60 (1955). - Ref.C. 1957. 2078, C.A. 51. 1633a (1957).

Kontinuierliche Verzuckerung von Stärke. Lukojanow, W.I. Arb.d. zentr.Forsch.-Inst.der Stärke-Sirup-Industrie (russ.) 1953. Nr.1. 14-25. - Ref.C.A. 50. 5316d (1956).

Hydrolysieren von Stärke und anderen Polysacchariden. Krøyer, K. K.K. F.P. 1 067 899 vom 17/7.1952, ausg.21/6.1954. A.Prior. 17/7.1951. - Ref.C. 1955. 10875.

Kontinuierliche Aufschlußverfahren für Stärke unter Verwendung typenmäßig herzustellender Bauteile. Heydt, G. Stärke 4. 51-55 (1952). - Ref.C. 1953. 1572.

Kontinuierlicher Stärkeabbau mittels Elektrolyse. Kurz, H. Stärke 4. 156-59 (1952). - Ref.C. 1953. 4616.

Verfahren und Anordnung zur Umwandlung von Stärke und anderen Polysacchariden. Krøyer, K.K.K. Schwed.P. 165 698 Kl. 891 vom 16/7.1952.

Hydrolysieren von Stärke. Krøyer, K.K.K. Dän.P. 82 545 vom 15/7. 1952, ausg.18/3.1957. A.Prior.17/7.1951., id.mit F.P.1 067 899. - Ref.C. 1960. 11500.

Hydrolysieren von Stärke. Krøyer, K.K.K. Dän.P. 82 545 vom 15/7. 1952, ausg.18/3.1957. A.Prior.17/7.1951. Zusatz zu F.P. 1 067 899. - Ref.C. 1960. 11500.

Kontinuierliche Verzuckerung und Aufschließung stärkehaltiger Rohstoffe. Dietrich, K.R. Chemiker-Ztg. 76. 47-50 (1952). - Ref.C.A. 46. 8884c (1952).

Untersuchungen über kontinuierliche Verzuckerung von Stärke. Suzuki, Y. Japan.P. 181 040 vom 30/11.1949. - Ref.C.A. 46. 1278e (1952).

Kontinuierliche Hydrolyse von Maisstärke. Dlouhy, J.E. und Kott,A. Chem.Engng.Progr.44. 399-404 (1948). - Ref.Stärke 1. 79 (1949), Stärke 3. 134 (1951).

Kontinuierliche Konvertierung von Dextrosepolymeren. Corn Products Refining Co. (Erfinder: A.C. Horesi). D.B.P.875 030 Kl. 89i vom 13/6.1941, ausg.30/4.1953. A.Prior.15/7.1940. - Ref.C. 1953. 7678.

Kontinuierliche Konvertierung von Stärke. Corn Products Refining Co. (Erfinder: Horesi, A.C.). A.P. 2 359 763 vom 13/7.1940, ausg.10/11.1944.

374. Reinigung der Lösungen

3741. Reinigungsverfahren, allgemein
3742. Ionenaustauscher
3743. Aktivkohle
3744. Sonstige Reinigungsoperationen

3741. Reinigungsverfahren, allgemein

(Vgl. auch "Stärkesirup, Reinigung": 382, "Dextrose, Reinigung": 392)

Erprobung eines Patronenfilters zur Klärung von Stärkehydrolysat-Rohsäften. Schulz, P. Lebensmittel-Ind. 11. 385-89 (1964). - Ref.J.Chem.(russ.) 1965. 24 R345, Stärke 18. 57 (1966).

Die derzeitigen Methoden zur Reinigung von Stärkehydrolysaten. Cabafi, K. Prehramb.ind.Jugosl. 8. Nr.3. 69-75 (1963). - Ref.J.Chem.(russ.) 1964. 5 R346.

Reinigung von Stärkehydrolysaten. 1. Mitt. Verunreinigungen und Absorbenzien. De Jong, G.J. Stärke 13. 43-46 (1961). - Ref.J.Chem.(russ.) 1961. 21 N246, C. 1963. 6818, C.A.55. 15970d (1961).

Über die Reinigung von Sagostärke-Hydrolysaten. De Jong, G.J., Otten, G. und Berg, A.J.v.d. Stärke 10. 109-12 (1958). - Ref.C. 1959. 6163, C.A. 54. 1905h (1960).

Reinigung von Stärkehydrolysaten. Barrett, E.P. und Bowman, R.S. A.P. 2 914 431 vom 6/2.1958, ausg.24/11.1959. - Ref.C. 1961. 5278, Ref.J.Chem.(russ.) 1961. 2 N322, C.A. 55. 25306f (1961).

Reinigen von Zuckerlösungen der Säurehydrolyse von Stärke. Naigai Industries Co. (Kondo, M.). Japan.P. 79 ('58) ausg.11/1.1958. - Ref.C.A. 52. 17767e (1958), Ref.J.Chem.(russ.) 1964. 7 R424.

Beseitigung der organischen Stickstoffverbindungen aus der verzuckerten Stärkelösung. Mizuguchi, Jun, Suzuki, Shûichi und Matsumoto, Shoji. J.chem.Soc.Japan, ind.Chem.Sect.60. 914-18 (1957). - Ref.C. 1959. 3322, Stärke 11. 340 (1959), C.A. 53. 9706e (1959).

Entfärben von Zuckerlösungen. Röhm & Haas Co. (Erfinder: Riener, E.F. D.A.S. 1 091 050 Kl. 89c vom 29/10.1957, ausg.13/10.1960. A.Prior. 2/11.1956. - Ref.C. 1961. 17034.

Über die Enteiweißung von Stärkehydrolysaten. Lindemann, E. Stärke 8. 189-92 (1956). - Ref.C.A. 51. 11746d (1957).

Reinigung von Polysaccharid-Hydrolysaten. Mavi, S.S., Narayan, K. und Dubey, R.S. Ind.P. 53 655 vom 8/2.1956. - Ref.C.A. 50. 9772c (1956), C. 1961. 12670.

Reinigung von Stärkehydrolysaten. Staley, A.E., Mfg.Co., übert. von: Smith, C.E. A.P. 2 871 147 vom 24/11.1954, ausg.27/1. 1959. - Ref.C. 1961. 5277.

Reinigen von Stärkehydrolysaten. Staley, A.E., Mfg. Co. (Smith, C.E. und Tipton, J.E.). A.P. 2 890 138 vom 24/11.1954, ausg. 9/6.1959. - Ref.C.A. 53. 18523e (1959), C. 1960. 14209, Stärke 13. 91 (1961).

Reinigung von Flüssigkeiten. N.V. Ootrooien-Maatschappij "Activit" (Erfinder: Smit, P.). A.P. 2 198 393 vom 22/5.1935, ausg.23/4. 1940. Holl.Prior. 29/5.1934.

Verfahren zur Reinigung von Zuckersäften, Stärkehydrolysaten und ähnlichen technischen Lösungen. Sütterlin, W. und Lange, W. (Inh.: VEB Farbenfabrikation Wolfen). D.P. (DDR) 5 622 Kl. 89c vom 24/5.1952, ausg.2/11.1953. (Wirtschaftspatent). - Ref.Stärke 6. 257 (1954), C. 1956. 10819.

Reinigung und Entfärbung von Flüssigkeiten. Algemeene Norit Mij., N.V. F.P. 1 040 519 vom 13/8.1951, ausg.15/10.1953. - Ref.C. 1954. 7532.

Entsalzen zuckerhaltiger Lösungen. Corn Products Refining Co., übert.von: J.B. Gottfried. E.P. 683 478 vom 8/11.1949, ausg. 26/11.1952. A.Prior. 10/8.1949. - Ref.C. 1953. 6989.

Reinigen von Stärkehydrolysaten. United States of America, übert. von: E.M. Montgomery u. H.F. Conway u. F.B. Weakley. A.P. 2 610 931 vom 6/7.1950, ausg.16/9.1952. - Ref.C.1953.5752.

Reinigung zuckerhaltiger Säfte. Soc.des Produits du Mais Soc.An. F.P. 1 007 890 vom 12/4.1948, ausg.12/5.1952. - Ref.C.1954.903.

Reinigen von Zuckerlösungen. N.V. Hollandsche Maatschappij voor Licenties en Octrooien. E.P. 661 577 vom 21/11.1951. - Ref.C.A. 46. 4830b (1952), C. 1953. 3163.

Reinigen von Zuckerlösungen. Dorr & Co., übert.von: Franklin N. Rawlings. Can.P. 476 259 vom 14/6.1947, ausg.21/8.1951. A.Prior. 12/7.1946. - Ref.C. 1952. 3583.

Entfärbungs- und Klärmittel. Aehnelt, W.R. Dresden und Leipzig 1943.

Herstellung von Entfärbungsmitteln. Meijer's Dextrinefabrieken, O.J. F.P. 890 404 vom 27/1.1943, ausg.8/2.1944. Holl.Prior. 6/2.1942. - Ref.C. 1945. II. 308.

Die Saftreinigung bei der Neutralisation von salzsauren Stärkezuckersäften. Kröner, W. und Wegner, H. Vorratspflege u. Lebensmittelforsch. 6. 76-84 (1943). - Ref.C. 1943, II. 1679.

Herstellung von gereinigten Traubenzuckerlösungen. Ootrooien Mij. "Activit". F.P. 879 221 vom 10/2.1942, ausg.17/2.1943. Holl. Prior. 12/2.1941. - Ref.C. 1944. I. 64.

Reinigung von Stärkezuckerlösungen. Corn Products Refining Co. F.P. 858 923 vom 9/8.1939, ausg.6/12.1940. A.Prior.21/10.1938. - Ref.C. 1941. I. 3303.

Reinigen von Zuckerlösungen, Sirupen und ähnlichen verunreinigten Flüssigkeiten. Wolf, Jacques & Co., übert.von: P.M. Travis. A.P. 2 220 667 vom 7/9.1938, ausg.5/11.1940. - Ref.C. 1941. I. 2189.

Reinigen von Rohrzuckersaft oder anderen Zuckersäften. Martel, H. E. A.P. 2 208 427 vom 29/3.1939, ausg.16/7.1940. Cuban.Prior. 29/4.1938. - Ref.C. 1941. I. 2189.

Reinigen von Zuckerlösungen. Hugel, E.J. F.P. 789 752 vom 4/8. 1934, ausg.6/11.1935. - Ref.C. 1936. I. 4087.

Entfärben von Mannit und von Zucker im allgemeinen. Consonno, Fortunato und Crespi, Emilio. It.P. 321 419 vom 9/11.1933. - Ref.C. 1936. II. 2462.

Klärung der durch Hydrolyse von Stärke erhältlichen Flüssigkeiten bei Erzeugung von Maiszucker und Maissirup. Badollet, M.S. und Paine, H.S. Ind.Engng.Chem. 19. 1245-46 (1927). - Ref.C. 1928. I. 599.

Reinigen von Zuckerlösungen, insbesondere von Melassen und Sirupen. Urban, K. D.R.P. 389 810 vom 8/4.1921, ausg.8/2.1924. - Ref.C. 1924. I. 2018.

Saftreinigungsverfahren. Barbier, L. A.P. 299 900. 1884.

3742. Ionenaustauscher

Untersuchung von Kationiten einheimischer Herstellung für die Reinigung von Sirupen und Glucosesirupen. Ssidorowa, Je.K. und Wassiljewa, E.G. Arb.Allunions wiss.Forsch.-Inst.Stärkeprodukte (russ.) 7. 5-11 (1964). - Ref.J.Chem.(russ.) 1965. 13 R367 Stärke 17. 360 (1965).

Reinigung und Entfärbung von Stärkeverzuckerungsprodukten durch technische Anwendung von Ionenaustauschern. Hersiczky, A. und Simonyi, J.M. Stärke 16. 163-66 (1964). - Ref.J.Chem.(russ.) 1964. 24 R314, C.A. 61. 5889c (1964), C. 1965. 7/8-2890.

Ionenaustauschmethoden zur Reinigung in der Stärkeindustrie. Hersiczky, A. Szeszipar 10. 136-37, 146 u. 148 (1962). - Ref.J. Chem.(russ.) 1963. 12 R303.

Reinigung von Stärke-Hydrolysaten. 3. Mitt. Einige technologische Aspekte und eine Kostenanalyse der Ionenaustauscherreinigung. Jong, G.J. de. Stärke 13. 296-99 (1961). - Ref.C.A. 56. 5007g (1962), C. 1962. 16517.

Reinigung von Stärkehydrolysaten. 2. Mitt. Ionenaustauscher-Systeme. Jong, G.J. de. Stärke 13. 133-36 (1961). - Ref.J.Chem. (russ.) 1962. 1 N365, C. 1962. 16516.

Reinigung und Entfärbung von Stärkezuckerprodukten mit Ionenaustauscher-Technologie. Magyar, K., Hersiczky, A. und Simonyi, M. Erjedésipari Kutatóintézet Közleményei (Mitt. Inst.Gär.-Ind.) 1960. 49-52. - Ref.C. 1962. 3658.

Entfärbungsionenaustauscher, ihre Eigenschaften und Anwendung in der Zuckerindustrie. Stamberg, J., Valter, V. und Mencl, Z. Chem.Techn. 12. 32-36 (1960). - Ref.C. 1961. 3840.

Herstellung von zum Kationenaustausch geeigneten Harzen. Imperial Chemical Industries Ltd. (Erfinder: Fielding, H.C.). E.P. 865 331 vom 23/1.1959, ausg.12/4.1961. - Ref.C. 1962. 13895.

Ionenaustauscher und Kunstharzadsorbentien in der Zuckerindustrie. Griessbach, R. Z.Zuckerind. 9. 181-87 (1959).

3742, 3743

Ionen-Austauscherharze und ihre Anwendung. 2. Mitt. Hongo, O. und Hiraki, H. J.technol.Soc.Starch (Japan) 6. 85-90 (1959).

Ionen-Austauscherharze und ihre Anwendung. 1. Mitt. Hongo, O. J.technol.Soc.Starch (Japan) 6. 1-8 (1958).

Anwendung von Ionenaustauschern einheimischer Produktion in den Reinigungsversuchen des Stärkesaftes. Zagrodzki, S. und Niedzielski, Z. Przemysl Spozywczy 12. 405-07 (1958).

Verfahren zur Herstellung von Ionenaustauschern. Henkel & Cie. GmbH. D.A.S. 1 102 715 vom 22/11.1957., ausg.23/3.1961. - Ref.Stärke 14. 225 (1962).

Raffinierung von Stärkehydrolysaten durch Ionenaustauscher. Standard Brands Inc., übert.von: Rohwer, R.G. und Cadotte, J.E. A.P. 2 892 737 vom 26/7.1955, ausg.30/6.1959. - Ref.C.A. 53. 19420i (1959), C. 1960. 11848, Stärke 13. 142 (1961).

Ein neues Harzreinigungsverfahren für Stärkehydrolysate. Jong, G.J. de und Jansen, J.C. Stärke 9. 147-50 (1957). - Ref.C. 1958. 12261, C.A. 52. 5864i (1958).

Die Saftreinigung von Stärke-Hydrolysaten mit Kunstharz-Austauschern. Wegner, H. und Osthege, A. Stärke 6. 44-51 (1954). - Ref.C. 1954. 11324.

Die Verwendung von Ionenaustauschern bei der Stärkezuckerherstellung. Weiss, H. Stärke 2. 104-06 (1950). - Ref.C. 1951. I.1238.

Saftreinigung durch Wofatit. Hirschmüller, H. Zucker 1. 5-6 (1948). - Ref.C. 1948. E. 325.

Die Entfärbung von Stärkehydrolysaten mit Kunstharzen. Kröner, W. und Hönsch, W. Kolloid-Z. 110. 178-183 (1948). - Ref.C. 1948. E. 2529.

Methode zur Reinigung von technischen Lösungen durch Behandlung mit Kationen-und Anionenaustauschern. Holmquist, S.D. Schwed. P. 140 684 Kl. 89c vom 2/8.1948, ausg.2/6.1953.

Abtrennung organischer Verunreinigungen aus wässerigen Flüssigkeiten, wie technischen Zuckerlösungen, mittels wasserunlöslicher Kunstharzgele. Meijer's Dextrinfabrieken N.V. F.P. 901 785 vom 7/2.1944, ausg.6/8.1945. Holl.Prior. 3/12.1942. - Ref.C. 1946. I. 2163.

Herstellung entfärbender Ionenaustauscher. Smit, G. (Anm.N.V.O.M. "Activit"). D.B.P. 844 663 vom 24/1.1941, ausg.24/7.1952. Holl. Prior. 25/1.1940. - Ref.Stärke 4. 268 (1952).

3743, Aktivkohle

Aktiv-Kohle. 2. Mitt. Über die Verwendung von Aktiv-Kohle. Kobayashi, N. und Tachi, I. J.technol.Soc.Starch (Japan) 4. 149-53 (1957).

Aktiv-Kohle. 1. Mitt. Herstellung und Eigenschaften von Aktiv-Kohle. Kobayashi, N. und Tachi, I. J.technol.Soc.Starch (Japan) 4. 103-11 (1957).

Regenerierung erschöpfter Adsorptionskohle. Pittsburgh Coke & Chemical Co., übert.von: Repik, A.J. und Sloan, C.T. jun. A.P. 2 933 454 vom 14/11.1955, ausg.19/4.1960. - Ref.C. 1962. 18597.

Behandlung von Flüssigkeiten mit Aktivkohle. Metallgesellschaft A.G. Oe.P. 176 832 vom 10/9.1951. D.Prior. 9/9.1950. - Ref.C. 1954. 4283.

Über die Veränderungen des Kalzium- und Phosphorsäuregehaltes von Stärkezuckersäften durch Aktivkohle. Wegner, H. Stärke 1. 64-68 (1949). - Ref.C. 1949. E. 5906.

Über das Verhalten von Aktivkohlen in Stärkezuckersäften. Kröner, W. und Kothe, H. Z.Spiritusind. 62. 347-48 (1939). - Ref.C. 1940. I. 1116.

Über das Verhalten von Aktivkohlen in Stärkezuckersäften. Kröner, W. und Kothe, H. Vorratspflege u.Lebensmittelforsch. 2. 605-09 (1939). - Ref.C. 1940. I. 2401.

Vorbemerkungen zum Collactivitverfahren. Kröner, W. und Kothe, H. Z. Spiritusind. 61. 15 (1938). - Ref.C. 1938. I. 2637.

Die Wiederbelebung der Knochenkohle ohne Glühofenbetrieb und ihre Anwendung in Rüben- und Stärkezuckerfabriken. Hinze, A. Z.Spiritusind. 59. 307-08 (1936). - Ref.C. 1937. I. 741.

Filtration über Knochenkohle in Zucker- und Stärkezucker-Fabriken. Zert. Cbl. Zuckerind. 40. 733 (1932).

Vergleichsversuche mit Entfärbungskohlen in der Praxis. Ekhard, W. Z.Spiritusind. 50. 104 (1927).

Die Verwendung von Aktivkohle in der Stärkezuckerindustrie. Taegener, W. Chemiker-Ztg. 51. 669-70 (1927).

Über den Unterschied zwischen dem Adsorptionsvermögen von Kohle aus gewöhnlichen und glutinösen Stärken. Tadokoro, T. und Nakamura, Y. J.Biochemistry (Tokyo) 2. 239-250 (1923). - W.Ref. 807, C. 1924. II. 1166, C.A. 17. 1911 (1923).

3744. Sonstige Reinigungsoperationen (Filtration, Diffusion, Zusätze)

Probleme der Filtration von Hydrolysaten organischer Stoffe natürlichen Verkommens. Hersiczky, A. und Szabó, Z. Közp. élelmiszeripari Kutatóintézet Közleményei 1964. Nr.3. 23-26. - Ref.J.Chem.(russ.) 1965. 16 R278.

Ein einfaches System der Verwendung und Lagerung von Filtermaterial. Cocks, C.A. Food Engng. 35. Nr.12. 79-80 (1963). - Ref.J.Chem.(russ.) 1965. 11 R353.

Über Filtrationsdiatomite. Weksler, B.A. Zucker-Ind.(russ.) 33. Nr.2. 45-47 (1959). - Ref.C. 1960. 3721, Stärke 14. 68 (1962).

Filtration von Zuckerlösungen über ein Medium aus losen Körnchen. Ramondt, D. Stärke 9. 1-4 (1957). - Ref.C. 1958. 3184.

Reinigung der verzuckerten Stärkelösungen durch die elektrolytische Methode. Mizuguchi, J., Suzuki, S., Motoi, S. und Horike, K. J.chem.Soc.Japan, ind.Chem.Sect. 60. 249-53 (1957). - Ref.C.A. 53. 6661h (1959).

Verfahren zum Reinigen von Zuckersäften durch gleichzeitige Zugabe von Kalk und Kohlensäure. Schneider, F. D.A.S. 1 048 840 vom 27/12.1957, ausg.15/1.1959. - Ref.Stärke 12. 31 (1960).

Klärmittelersparnis durch Alkalizugabe zu Konversionssäften. Bush, Beach und Gent Ltd. E.P. 714 759 vom 3/4.1951, ausg. 1/9.1954. - Ref.Stärke 6. 283 (1954).

Ein Stetig-Diffuseur für die Sulfat-, Sulfit-, Stärke-, Zucker-, Fett- und Ölindustrie. Fröhlich, E. Papier 4. 202-05 (1950). - Ref.C. 1951. I. 371.

Filtrieren und Reinigen von aus Stärke gewonnenen Zuckerlösungen. International Patents Development Co., übert.von: C.J.Copland. A.P. 2 066 141 vom 14/8.1935, ausg.29/12.1936. - Ref.C. 1937. I. 2893.

Reinigung des Saftes mit Gerbsäure. Duryea, C. A.P. 916 683 vom 20./3.1907, ausg.30/3.1909.

375. Eigenschaften, Untersuchung

Eine neue Methode zur Bestimmung reduzierender Zucker in Stärkehydrolysaten. Tegge, G. und Nierle, W. Stärke 17. 107-10 (1965). - Ref.C.A. 63. 778g (1965).

Automatische Bestimmung des Dextrose-Äquivalents von Maisstärke-Hydrolysaten. Ough, L.D. und Lloyd, N.E. Cereal Chem. 42. Nr.1. 1-15 (1965). - Ref.J.Chem.(russ.) 1965. 15 R284, C.A. 62. 13363f (1965).

Elektrodialyse von Stärkehydrolysaten. Corn Products Co. (Erfinder: Idaszak, L.R.). Belg.P. 645 544 ausg.16/7.1964. A.Prior. 6/1.1964. - Ref.C.A. 63. 11845c (1965).

Bestimmung des löslichen Polysaccharid-Anteils in Hydrolysaten. Lichonos, E.F. und Korolkow, I.I. J.angew.Chem.(russ.) 36. 1152-54 (1963). - Ref.C.A.(M.) 59. 14187g (1963).

Die Analyse der Produkte einer nicht vollständigen Hydrolyse der Stärke. Archipowitsch, N.A. Arb.Kiewer technol.Inst.Lebensmittel-Ind.(russ.) 1962. 25 u. 55-60. - Ref.J.Chem.(russ.) 1963. 18 R 252.

Bestimmung des Gesamtsalzgehaltes von Stärkehydrolysaten mit Hilfe von Ionenaustauschern. Maurer, W. Stärke 13. 161-64 (1961). - Ref.C.A. 55. 18148b (1961), C. 1962. 1441, Ref.J.Chem.(russ.) 1962. 3 N310.

Untersuchung der Kohlenhydrat-Zusammensetzung von Stärkehydrolysaten. Galkina, G.W. Arb.zentr.wiss.Forsch.-Ins.Stärke-Sirup-Ind. (russ.) 4. 60-79 (1960). - Ref.J.Chem.(russ.) 1961. 20 N224, Stärke 14. 299 (1962).

Brix-Faktoren für die Bestimmung der Trockenmasse in Stärkehydrolysaten. Fetzer, W.R. und Kirst, L.C. J.agric.Food Chem. 8. 507-10 (1960). - Ref.C. 1961. 15953, Stärke 13. 311 (1961), Ref.J.Chem.(russ.) 1961. 12 N416.

Der Einfluß der Kohlenhydratkonzentration auf den Eiweißabbau bei der sauren Hydrolyse. Borud, O.J. Stärke 9. 193-96 (1957). - Ref.J.Chem.(russ.) 1958. 18 S62510, C.A. 52. 21187c (1958), C. 1959. 976.

Präcisierung der komplexometrischen Methode zur Bestimmung von Calcium in Produkten der Zuckerproduktion. Kartaschow, A.K., Makssimowa, N.A., Shishina, R.G. Zuckerind.(russ.) 31. Heft 9. 54-58 (1957).

Vorkommen von 5-(Oxymethyl)-furfurol in der mit Säure verzuckerten Stärkelösung. Mizuguchi, J., Suzuki, S., Motoi, S. und Horike, K. J.chem.Soc. Japan, ind.Chem.Sect. 60. 445-49 (1957). - Ref.C. 1957. 11742, C.A. 53. 7637d (1959).

Die spektralphotometrische Bestimmung von Furfurol und 5-Oxymethylfurfurol in Kohlenhydrathydrolysaten. Lindemann, E. Stärke 7. 280-84 (1955). - Ref.C. 1957. 2872, C.A. 51. 1634f (1957).

Über die Bestimmung der Glukoseäquivalente in Stärkehydrolysaten und deren Beurteilung. Dostal, L. Brot u. Gebäck 7. 40-42 (1953). - Ref.C. 1956. 2327.

Farbbildung in mit Säure hydrolysierter Stärke. I. Yoshihiro, Y., Nakamura, M., Ubusawa, Sh. u. Tomoda, Y. J.chem.Soc. Japan, ind.Chem.Sect. 56. 614-15 (1953). - Ref.C.A. 48. 12438g (1954).

Analyse und Viscosität teilweise hydrolysierter Kartoffelstärke. Kamecki, J. Ann.Soc.chim.Polonorum 21. 131-39 (1947). - Ref.C. 1949. E 6097.

Zur Kenntnis der Saftverfärbung bei der Stärkeverzuckerung. 2. Mitt. Die Saftverfärbung beim Konverterprozeß. 3. Mitt. Die Saftverfärbung bei der Neutralisation. Kröner, W. Forschungsdienst 9. 538-49 (1940). - Ref.C. 1940. II. 1517.

Leitfähigkeit und Aschegehalt von Stärkezuckererzeugnissen. Kröner, W. und Kothe, H. Z.Spiritusind. 62. 275-76 (1939). - Ref.C. 1940. I. 2250.

Die Saftverfärbung beim Konverterprozeß. Kröner, W. und Kothe, H. Z.Spiritusind. 62. 191-92, 197-98, 205-06, 213-14 (1939). - Ref.C. 1939. II. 1981.

Die Saftverfärbung bei der technischen Stärkeverzuckerung. Kröner, W. und Kothe, H. Vorratspflege u. Lebensmittelforsch. 2. 299-316 (1939). - Ref.C. 1939. II. 1397.

Die Verfärbung von salzsauren Stärkezuckersäften bei der Neutralisation. Kothe, H. und Kröner, W. Z.Spiritusind. 62. 245-46, 253-54 (1939). - Ref.C. 1939. II. 4118.

Die Verfärbung von salzsauren Stärkezuckersäften bei der Neutralisation. Kröner, W. und Kothe, H. Vorratspflege u. Lebensmittelforsch. 2. 405-13 (1939). - Ref.C. 1939. II. 2719.

Modellversuche über die Saftverfärbung bei der Stärkeverzuckerung. Kröner, W. und Kothe, H. Z.Spiritusind. 60. 191-99, 207-08 (1937). - Ref.C. 1937. II. 2605.

Zur Kenntnis der Saftverfärbung bei der Stärkeverzuckerung. 1. Mitt. Modellversuche an reinen Glucoselösungen. Kröner, W. Forschungsdienst 4. 295-300 (1937). - Ref.C. 1938. I. 202.

Das Vorkommen von Gentiobiose in den Produkten der Handelshydrolyse von Maisstärke. Ekhard, W. Z.Spiritusind. 50. 145 (1927).

38. Stärkesirup

380. Allgemeines

Enzyclopedia of Chemical Technical Technologie Vol. 6. Complexing Agents to Dextrose and Starch Syrups. Kirk-Othmer. Herausg. von Hermann F. Mark, John J. McKetta jun., Donald F. Othmer and Anthony Standen. Intersience Publishers, New York, London and Sidney, a division of John Wiley and Sons Inc. Second Edition 1965. 932 S. - Ref.Stärke 18. 202 (1966).

Mechanisierung und Automatisierung in der Stärke-Sirupindustrie. Assanow, A.I., Leiberman, L.A., Ssolowjew, D.T. und Schamborant, G.G. Verlag Lebensmittelind., Moskau 1965. 184 S. - Ref.J.Chem.(russ.) 1966. 3 R361.

Mehr Aufmerksamkeit der Arbeit von Eindampfstationen von Sirup-Fabriken. Bytschkow, B.K. Zucker-Ind.(russ.) 39. Nr.3. 224-26 (1965). - Ref.J.Chem.(russ.) 1966. 1 R331.

Englische Verdampfungsapparate erfüllen die Anforderungen der modernen Maisstärke-Industrie. Dummett, G.A. Food Inds S.Africa 17, Nr.4. 49-50, 60 (1964). - Ref.J.Chem.(russ.) 1965. 11 R349.

Die technologische Behandlung und der erhöhte Verbrauch von Glucosesirup in den Vereinigten Staaten. Hoover, W.J. Chem.Weekblad 60. Nr. 1. 7-9 (1964). - Ref.J.Chem.(russ.) 1964. 15 R353.

Glukosesirup. Seine Bedeutung für Volksgesundheit und Wirtschaft, seine Rolle in der internationalen Lebensmittelgesetzgebung. Lebensmittel u.Ernährung, Wien 17. 48, 50 (1964). - Ref.Stärke 17. 135 (1965).

Glucosesirup. Graefe, G. Süßwaren 8. 1415-20 (1964).

Gegensätze bei Stärkesirupen. Leighton, A.E. Confect.Manufact. 1963. 394-95. - Ref.Stärke 18. 56 (1966).

Transport und Lagerung von Stärkesirup. Bartels, H. und Feeser,H. Süßwaren 5. 420-22 (1961). - Ref.Stärke 14. 106 (1962).

Die Produktion von Speise-Stärkesirupen. Ssinelnikow, I.D. Zucker-Ind.(russ.) 34. Nr.5. 52-55 (1960). - Ref.J.Chem.(russ.) 1961. 2 N 315, C 1961. 11554, Stärke 13. 147 (1961).

Stärkesirup und -Zucker in Jugoslawien. Kosta, A. Tehnika 15. Nr.1., Prehran.Ind. 12 (14) Nr.1. 1-5 (1960). - Ref.J.Chem. (russ.) 1960. 71204.

Stärkesirup und Trockenstärkesirup im Rahmen der Standards für Stärkeerzeugnisse in der Sowjetzone. Fincke, H. Gordian 60. 251-52 (1960).

Hochverzuckerter Stärkesirup. Graefe, G. Gordian 58. Nr.1387, 151-53; Nr.1388, 21-24 (1958). - Ref.C. 1959. 15210.

Über hochverzuckerten Stärkesirup mit niedrigem Glukose-Gehalt. Graefe, G. Stärke 10. 79-86 (1958). - Ref.C. 1959. 6979, C.A. 53. 23018e (1959).

Stärkesirup. Eine Übersicht über den derzeitigen Stand seiner Herstellung, Eigenschaften und Verwendung. Illies, R. Süßwaren 1. 752-54 (1957). - Ref.C. 1958. 11678.

Stark hydrolysierte Sirupe. Glienke, J. und Edwards, W.R. Brewers Digest 31. Nr.9. 85-99 (1956). - Ref.C. 1958. 1163.

Die Produktion von Stärkesirup in einem mit Dampfkraft betriebenen Werk mit einer Kapazität von 4 t täglich. Malyshew, A.A. Arb.zentr.wiss.Forsch.-Inst.Stärke- u.Stärkesirup-Ind.(russ.) 2. 8-18 (1955).

Stärkesirup. Herstellung, Eigenschaften, Qualitätsanforderungen. Wegner, H. Branntweinwirtschaft 77. 285-89 (1955). - Ref.C. 1958. 10518.

Sortenauswahl bei den heutigen Stärkesirupen und ihre zweckmäßige Kennzeichnung. Illies, R. Brot und Gebäck 9. 110-13 (1955). Ref.C. 1957. 6301.

Stärkesirup. Illies, R. Zucker- u.Süßwaren-Wirtsch. 5. 184-6, 219-20 (1952). - Ref.C.A. 49. 13511 (1955).

Stärkesirup und seine Bedeutung. Hölscher, H., Ehrenberg. Die Lebensmittel-Industrie 3. 94. (1951).

Die Technologie der Stärke-Sirup-Produktion (russ.). Ssipjagin, A.Ss., Miljutin, A.A., Bakanow, N.A., Bytschkow, B.K., Krawtschenko, Ss.F., Wekssler, B.A. u. Lukojanow, W.I. Moskau 1950. (424 S.).

Stärkesirup und die bei der Fabrikation auftretenden Mängel. Wolff, O. Stärke 2. 251-55 (1950). - Ref.C. 1951. 2095.

Studien über Stärkesirup und seine Verwendung. Haupt, H. Stärke 1. 111-21 (1949)., - Ref.C. 1949. E. 4722.

Erzeugung von Sirupen aus Weizen-, Kartoffel-, Tapioka- und Wachscerealien-Stärke. Clendenning, K.A. und Wright, D.E. Canad.J. Res. 26. Sect.F. 284-96 (1948). - Ref.Stärke 2. 50 (1950).

Technologie der Stärke-Sirupfabrikation (russ.). Leikin, Je.R., Ball, S.F., Ssergejef, I.I. u. Schtscherbakow, I.M. Moskau. Leningrad: Pischtschepromisdat. 1940. (544 S.). - Ref.C. 1941. I. 2602.

Stärkesirupe. Hospes, B. und Barobin, S. Sbornik českoslov.Akad. Zemedelske 13. 674-81 (1939). - Ref.C. 1939. I. 4852.

Die Technologie der Gewinnung von Sirup und Stärkezucker (russ.). Rall, S.F. Moskau-Leningrad: Pischtschepromisdat. 1938. (344 S.).

Stärkesirup - Speisesirup - Tafelsirup. Z.Spiritusind. 58. 9 (1935).

Stärkesirup- und Stärkezuckerfabrikation (russ.). Guletzki, I.D. Moskau: SNK SSSR u. RSFSR 1931. 177 S. - Ref.C. 1931. II. 334.

Studien über Stärkesirup und seine Verwendung. Haupt. Konserven-Ind. 15. 227-29, 246-48, 282-85, 316-20 (1928). - Ref.C. 1928. II. 945.

Herkunft und Zusammensetzung einiger Handels-Invertzuckersirupe und Bemerkungen über Sorghumsirup. Jordan, S. und Chesley, A.L. J.ind.Engng.Chem. 9. 756-58 (1917). - Ref.C. 1918. I. 953.

Kartoffelstärkesirup. Parow, E. Z.Spiritusind. 32. 333 (1909).

Einige interessante Aufklärungen über Capillärzucker-Sirup und seine Verwendung. Pantel. Z.Spiritusind. 29. 71 (1906).

381. Herstellung von Stärkesirup

3811. Fragen der Herstellung
3812. Patente
3813. Spezielle Maisstärkesirupe
3814. Spezielle andere Sirupe

3811. Fragen der Herstellung

(Vgl. auch "Stärke-Hydrolysenlösungen": 37, "Kontinuierliche Sirupgewinnung": 373, "Dextrose": 39, "Enzymatische Hydrolyse": 923, 941)

Bestimmung des pH-Optimums zur Neutralisierung des Stärkesirups. Popa, M. Ind.Alimentara-Produse veget. 13. Nr.2. 48-54 (1962). - Ref.C.A.(M.) 58. 1622f (1963).

Ein vertikaler kontinuierlich wirkender Dampfautoklav mit indirekter Erhitzung. Nakamura, M., Yoshihiro, Y. und Kuroiwa, D. J.Ferment.Assoc. 19. 122-26 (1961). - Ref.J.Chem.(russ.) 1962. 1 N364.

Untersuchung der Wärmearbeit beim Eindampfen des Sekundärproduktes im Maiskombinat Beslan. Shura, Ss.K. Zucker-Ind.(russ.) 34. Nr.3. 61-64 (1960). - Ref.C. 1960. 17305, Stärke 13. 94 (1961).

Produktion von Stärkesirup mit verringertem Gehalt an reduzierenden Stoffen. Bytschkow, B.K. Zucker-Ind.(russ.) 34. Nr.5. 46-48 (1960). - Ref.C. 1961. 11926, Stärke 13. 147 (1961), Ref.J.Chem.(russ.) 1961. 2 N310.

Zur Frage der Klärung nicht bestimmter Verluste in der Sirupindustrie. Ladur, T.A. Arb.zentr.wiss.Forsch.-Inst.Stärke-Sirup-Ind.(russ.) 4. 88-95 (1960). - Ref.J.Chem.(russ.) 1961. 19 N 200.

Untersuchung der Wärmeabgabe siedender Siruplösungen. Shura, Ss.K. Zucker-Ind.(russ.) 34. Nr.1. 65-67 (1960). - Ref.Stärke 13. 63 (1961).

Die Ausnützung von sekundärem Dampf bei der kontinuierlichen Verkochung von stärkehaltigen Rohstoffen. Rabinowitsch, B.D. und Owadiowitsch, I.Ja. Spirituosen-Ind.(russ.) 25. Nr.1. 24-25 (1959)., - Ref.C. 1960. 3065.

Technologie und chemische Kontrolle in der Stärke-Sirup-Industrie (russ.). Burman, M.Je. und Bakanow, N.A. Staatl.wiss.-techn. Verlag Literatur Lebensmittel-Ind. Moskau 1957. 402 S. - Ref.C.A. 53. 2657c (1959).

Stärkesirupherstellung. Hönsch, W. Food Technology in Australia 1954. 10. - Ref.Stärke 7. 250 (1955).

Fortschritte bei der Herstellung von Glucosesirup. Hönsch, W. Food Technol. Australia 6. 497-98 (1954). - Ref.C. 1950/54. 5040 S.

Süßende Erzeugnisse aus Mais. Cohee, R.F.jr. Food Engng. 25. Nr.6. 74-76 u. 108 (1953).

Die Herstellung von Stärkesirup. Werner, W. Lebensmittel-Ind. 3. 141-42 (1951). - Ref.C. 1953. 1896.

Kupferkorrosion und deren Unterbindung bei der Stärkesirupherstellung. Clendenning, K.A. Canad.J.of Research, Sec.F. 26. 277-83 (1948). - Ref.Stärke 1950. II. 91.

Neuere Erkenntnis im Verdampferbau. Holland-Merten, E.L. Dtsch. Lebensmittel-Rdsch. 44. 195 (1948).

Gewinnung von Maltosesirupen aus körnigem Weizenmehl. Efron, A. und Blom, R.H. Ind.Engng.Chem. 40. 412-15 (1948). - Ref.C. 1948. II. 545, Stärke 1. 47-48 (1949).

Maissirup von hoher Vergärbarkeit. Kerr, R.W., Meisel, H. und Schink, N. Ind.Engng.Chem., Ind.Edit. 34. 1232-34 (1942). - Ref.C. 1945. I. 237.

Verbesserter Süßstoff aus Maisstärke. Food Ind. 12. 62 (1940). - Ref.C. 1940. I. 3330.

Die Gewinnung von Sorghumsirup. Bartling, W. Facts about sugar 35. Nr.10. 38-42. Dtsch.Zuckerind. 46. 104, 107-08, 123-24 (1940). - Ref.C. 1941. I. 977.

Syrup aus Batatenstärke. Stout, L.E. und Ryberg, jr. C.G. Ind. Engng.Chem.Ind.Edit. 31. 1451-54. Dez.(1939). - Ref.C. 1940. I. 1763.

Zuckerarten. Wait, R.A. Fruit Products J.Amer.Vinegar Ind. 11. 267-68 (1932). - Ref.C. 1932. II. 1382.

Stärke in Hirsesirup. Willaman, J.J. und Davison, F.R. Ind.Engng. Chem. 16. 609-616 (1924). - Ref.C. 1924. II. 1521.

Die Fabrikation von Stärkesirup nach dem Salzsäureverfahren. Z.Spiritusind. 45. 91, 97 (1922).

Stärkezuckersirup. Parow, E. Z.Spiritusind. 30. 298 (1907).

Über eine neue Methode der Stärkesirupfabrikation (Auszug). Gawalowski, A. Bull.Assoc.Chimistes Sucr., Distill.Ind.agric. France Colonies 24. 1768 (1906-07). - W.Ref. 92.

3812. Patente

Erzeugung von Stärkesirup. A.E. Staley Mfg. Co. (Erfinder: Hurst, T.L. und Turner, A.W.). A.P. 3 137 639 vom 30/4.1962., ausg. 16/6.1964. - Ref.C. 1966. 20-3064.

Stärkekonversion. Röhm & Haas GmbH. A.P. 3 185 633 vom 2/3.1961., ausg.25/5.1965. BRD Prior. 3/3.1960. - Ref.Stärke 17. 360 (1965).

Stärkesirup. Röhm & Haas GmbH. E.P. 945 514 vom 3/1.1961. D.Prior. 3/3.1960.

Stärkesirup. Komaki, T. Japan.P. 23 698 (61') ausg.14/12.1961. - Ref.J.Chem.(russ.) 1963. 1 R308.

Hydrolysierter Stärkesirup. Corn Products Co. E.P. 861 195 ausg. 15/2.1961. - Ref.C.A. 55. 15972c (1961), C. 1962. 4374.

Eine Vorrichtung zur Eindampf-Vakuumapparatur von Zuckersirup für dessen Austritt. Fedorenko, W.K. UdSSR.P. 128 648 ausg.15/5. 1960. - Ref.J.Chem.(russ.) 1961. 21 N251.

Sirup mit niedrigem Dextrose-Äquivalent. Corn Products Co. (Erfinder: Snyder, E.C. und Kooi, E.R.). A.P. 2 965 520 ausg. 20/12.1960. - Ref.J.Chem.(russ.) 1961. 23 N318, C.A. 55. 8905e (1961), C. 1962. 9550, Stärke 14. 433 (1962).

Verfahren und Apparatur zur Herstellung von Glucosesirup. Krøyer, K.K.K. Dän.P. 87 260 ausg.27/7.1959. - Ref.J.Chem.(russ.) 1961. 19 N211.

Stärkesirup. Staley, A.E., Mfg. Co., übert.von: Langlois, D.P. A.P. 2 891 869 vom 23/6.1959. - Ref.C.A. 53. 19420i (1959), C. 1961. 14126, Stärke 13. 91 (1961).

Neutralisieren von Salzsäure bei der Herstellung von Stärkesirup. Ssipjagin, A.S. und Ssemenowa, T.W. UdSSR.P. 75 988 ausg. 6/10.1958. - Ref.C.A. 53. 12718h (1959).

Herstellung von hochvergärendem, nicht kristallisierendem Sirup. Anheuser-Busch, Inc. (Erfinder: Ehrenthal, I. und Block, G.J.). A.P. 3 067 066 vom 3/11.1958., ausg.4/12.1962. - Ref.C. 1965. 39-2953.

Stärkesirup. Corn Products Refining Co. (Erfinder: Snyder, E.C. und Kooi, E.R.). F.P. 1 174 568 vom 6/5.1957., ausg.12/3.1959. A.Prior. 24/12.1956, id.mit Belg.P. 557 459. - Ref.C. 1962.7733.

Herstellung von Stärkesirup. Corn Products Refining Co. Belg.P. 557 459 vom 13/5.1957, ausg.11/3.1960. A.Prior. 24/12.1956, id.mit E.P. 861 195, F.P 1 174 568. A.P. 2 965 520. - Ref.C. 1960. 15931.

Verfahren zur Herstellung von haltbarem hochverzuckertem Stärkesirup mit einer DE. von mindestens 53 - 60 %. Deutsche Maizena-Werke GmbH. (Erfinder: Graefe, G.). D.B.P. 964 580 vom 9/5. 1957. - Ref.Stärke 9. 164 (1957), C. 1957. 13200, C.A. 53. 14560a (1959).

Hydrolysieren von Stärke und anderen Polysacchariden. Werkspoor, N.V. (Erfinder: Boon, E.F., Vahl, L. und Kingma, W.G.). Aust.P. 214 954 vom 23/7.1956, ausg.5/6.1958. Holl.Prior.29/8.1955, id.mit D.A.S. 1 034 559. - Ref.C. 1960. 12191.

Entwässern von Stärkekonvertierungsflüssigkeiten. Corn Products Refining Co. Belg.P. 552 829 vom 22/11.1956, ausg.15/1.1960. A.Prior. 6/4.1956. - Ref.C. 1960. 15932.

Entwässerung von Stärkekonvertierungsflüssigkeiten. Corn Products Refining Co. (Erfinder: Davis, R.J.). D.A.S. 1 030 270 Kl.89i vom 6/11.1956, veröff. 14/5.1958. Mexican.Prior. 6/4.1956. - Ref.Stärke 10. 238 (1958), C. 1959. 6654, C.A. 54. 14738h (1960).

Verfahren zur Herstellung von hochwertigem Bonbonsirup. Zaklady Przemyslu Ziemniaczanego "Lubon" (Erfinder: Jasek, St. und Kaczmarek, R.). Poln.P. 36 632 Kl. 89i vom 23/12.1952, ausg. 30/5.1955.

Stärke-Konversion. Corn Products Refining Co., übert.von: Newkirk, W.B. und Dlouby, J.E. A.P. 2 610 132 vom 9/9.1952. - Ref.C.A. 47. 1948g (1953), Stärke 5. 95 (1953), C. 1953. 6989.

Stärkesirup. Standard Brands Inc., übert.von: Fetzer, W.R. A.P. 2 767 109 vom 13/2.1951, ausg.16/10.1956. - Ref.C. 1959. 1294, C.A. 51. 5450g (1957).

Hydrolyse-Verfahren. Speisesirup. Union Starch u. Refining Co., übert.von: J.E. Cleland. A.P. 2 587 596 vom 11/2.1950, ausg. 4/3.1952. - Ref.Stärke 4. 227 (1952), C. 1953. 6586, C.A. 46. 5874c (1952).

Herstellung von Sirup. American Maize-Products Co., übert.von: J. F. Walsh. F.P. 965 195 vom 5/2.1948, ausg.5/9.1950. A.Prior. 30/11.1940. - Ref.C. 1951. I. 1539.

Zuckersirup. Evans, Norman & Rais Ltd. E.P. 652 194 vom 30/10. 1948, ausg.18/4.1951. - Ref.C. 1953. 5269.

Herstellung eines oxymethylglyoxal- und methylglyoxalfreien, Dextrose und Lävulose enthaltenden Sirups. Corn Products Refining Co. Schwz.P. 280 456 vom 19/5.1947, ausg.3/6.1952. A.Prior. 27/7.1944. - Ref.C. 1953. 3966.

Herstellung von Stärke-Invertsirup. Staley, A.E., Mfg.Co., übert. von: Brook, F.H. und Clifford, E.S. Can.P. 499 924 vom 4/5. 1946, ausg.9/2.1954, id.mit A.P. 2 410 264. - Ref.C. 1960.12191.

Herstellung von schwach gefärbtem Stärkesirup. National Agrol Co., D.C., übert.von: L.M. Christensen. A.P. 2 503 241 vom 24/5. 1946, ausg.11/4.1950. - Ref.C. 1951. II. 759.

Herstellung von Stärkesirup. Staley, A.E., Mfg., übert.von:Brook, F.H. u. Smith, C. A.P. 2 410 264, ausg.29/10.1946. - Ref.C. 1947. 1718.

Stärkesirup. Staley, A.E., Mfg. Co., übert.von: C.E. Clifford und E.K. Olson. A.P. 2 490 716 vom 30/3.1945, ausg.6/12.1949. - Ref.C. 1949. E. 809.

Herstellung von Stärkesirup. Union Starch Refining Co., übert.von: J.E. Cleland u. A.Le Roy Meyer. A.P. 2 571 541 vom 21/6.1945, ausg.16/10.1951. - Ref.C. 1953. 1572, Stärke 4. 59 (1952).

Lävulose enthaltenden Dextrosesirup. Corn Products Refining Co. E.P. 647 881 vom 29/12.1944, ausg.28/12.1950. A.Prior. 27/7. 1944. - Ref.C. 1953. 6586.

Herstellung von nicht kristallisierendem Stärkesirup. Clinton Co., übert.von: G.T. Peckham. A.P. 2 395 907 vom 28/5.1942, ausg. 5/3.1946. - Ref.C. 1946. I. 680.

Herstellung von Stärkesirup. Clinton Co., übert.von: G.T. Peckham. A.P. 2 395 938 vom 28/5.1942, ausg.5/3.1946. - Ref.C. 1946. I. 680.

Verdampfapparat für Zuckersaft. Skodawerke A.G. und V. Koran und J. Turek. F.P. 884 254 vom 16/7.1942, ausg.9/8.1943. D.Prior. 18/7.1941. - Ref.C. 1944. I. 1441.

Gewinnung von Glucosesirup. Ssipjagin, A.S. und Litkens, Je.A. Russ.P. 60 045 vom 11/9. u. 10/11.1940, ausg.31/5.1941. - Ref.C. 1942. II. 2649.

Verzuckerung von Stärke. Staley, A.E., Mfg.Co. Belg.P. 433 221 vom 13/3.1939, Auszug veröff. 9/10.1939. - Ref.C. 1940. I. 2081.

Herstellung von Stärkeumwandlungsprodukten. Staley Mfg., A.E.Co. E.P. 517 892 vom 16/8.1938, ausg.7/3.1940. - Ref.C. 1941. I. 1100.

Stärkesirup. Beck, F. D.R.P. 650 256 Kl. 89i vom 21/3.1936, ausg. 15/9.1937. - Ref.C. 1937. II. 3972.

Herstellung von Zuckersirup. Heubaum, U. F.P. 752 717 vom 11/3. 1933, ausg.29/9.1933. - Ref.C. 1934. I. 963.

Verfahren zur Herstellung von Stärkesirup bzw. festen Stärkezuckerprodukten. Wulkan, G. D.R.P. 575 178 Kl. 89i vom 25/5. 1932, ausg. 25/4.1933. - Ref.C. 1933. I. 4060.

Säurehydrolyse von Stärke zu Stärkesirup oder Zucker. International Patents Development Co., übert.von: C. Hagen. A.P. 1 927 312 vom 24/7.1930, ausg.19/9.1933. - Ref.C. 1934. I. 782.

Die Fabrikation von Stärkesirup nach dem Salzsäureverfahren. Z.Spiritusind. 45. 91-97 (1922). - Ref.C. 1922. IV. 58.

Gegenstromkühler zur Kühlung zähflüssiger Lösungen. Hinze, A. D.R.P. 355 822 vom 5/4.1921, ausg.7/7.1922. - Ref.C. 1922. IV. 620.

Verfahren zur Herstellung nicht kristallisierender Speisesirupe. Schomann, R. D.R.P. 318 795 Kl. 89i vom 4/7.1918, ausg.10/2. 1920. Zus.z.P.Nr. 317 165. C. 1920. II. 377. - Ref.C. 1920. II. 498.

Verfahren zur Herstellung nicht kristallisierender Speisesirupe. Schomann, R. D.R.P. 317 530 Kl. 89i vom 3/8.1918, ausg.11/12. 1919. Zus.zu D.R.P. 317 165. - Ref.C. 1920. II. 498.

Verfahren zur Herstellung nicht kristallisierender Speisesirupe. Schomann, R. D.R.P. 317 165 Kl. 89i vom 27/6.1918, ausg.9/12. 1919. - Ref.C. 1920. II. 377.

Neuerungen in der Fabrikation von Glucosesyrup und Traubenzucker. Endemann, H. D.R.P. 24 041 Kl. 89i vom 24/12.1882, ausg.13/9. 1883.

3813. Spezielle Maisstärkesirupe

(Vgl. auch "Enzymatischer Stärkeabbau": 92, "Maltose": 933, "Technische Stärkehydrolyse mit Amylasen": 941)

Die Gewinnung von Maltosesirup aus Mais- und Weizenmehl unter Verwendung des Enzympräparates Aspergillus oryzae. Scharoiko, K. M., Kalitwjanskaja, W.I. und Batkow, N.W. Sammlung Arb.Ukrain. Forschungsinst.Lebensmittel-Ind.(russ.) 1965. Nr.3. 126-35. - Ref.J.Chem.(russ.) 1965. 24 R336.

Die Gewinnung von Stärke- und Glucosesirup aus Mais. Archipowitsch, N.A. und Woloschanenko, G.P. Arb.Kiewer technol.Inst. Lebensmittel-Ind.(russ.) 1963. Nr. 27. 66-68. - Ref.J.Chem. (russ.) 1964. 8 R365.

Die Verarbeitung von Mais zu Mehl in der Stärke-Sirupindustrie. Solotarew, Ss.M. Zucker-Ind.(russ.) 1963. Nr.7. 66-71. - Ref.J.Chem.(russ.) 1964. 5 R340, C. 1964. 41-2537.

Korrosion von Eisen in Gegenwart von Mais-Zuckerlösungen. Scallet, B.L. Stärke 15. 105-09 (1963).

Einige Einflüsse der Bedingungen während der Neutralisation bei der Maissirupherstellung. Scallet, B.L. Stärke 15. 256-59 (1963). - Ref.J.Chem.(russ.) 1964. 5 R344, C. 1964. 16-2695.

Maisstärkesirup in Jugoslawien. Dzajić, M. Tehnika (jugosl.) 15. Nr.1, Prehran.Ind. 12 (14) Nr.1. 11-14 (1960). - Ref.J.Chem. (russ.) 1960. Nr. 82649.

Einfluß der geometrischen Parameter der Absorptionsmittelschichten auf den Absorptionsprozeß bei der Reinigung von Maisstärke-Zuckerlösungen. Gelperin, N.I. und Altykiss, A.I. J.angew.Chem.(russ.) 32. 599-603 (1959). - Ref.C.A. 53. 13502g (1959).

Maisstärkesirup. Anheuser-Busch, Inc., übert.von: Mason, M.J. und Campbell, C.L. A.P. 2 882 303 vom 8/6.1956, ausg.4/2.1958. - Ref.C. 1959. 6321.

Laboratoriumsversuche zur Gewinnung von Stärkesirup unmittelbar aus Mais-, Milo- und Maniokmehl. Dostal, L. Stärke 6. 122-124 (1954).

Qualitätsverbesserung von Stärkesirup durch Verwendung von Maisstärke, die mit Hydrozyklonen für die Hydrolyse vorbereitet ist. Lange, A.de. Stärke 5. 146-149 (1953). - Ref.C. 1954.670.

Zuckerhaltiger Sirup unmittelbar aus Mais. Gaschler, A. D.B.P. 911 723 vom 2/10.1948, ausg.17/5.1954. F.Prior.21/4.1948. - Ref.Stärke 6. 138 (1954).

Stärkesirup aus Maismehl. Gaschler, A. F.P. 1 007 964 vom 21/4. 1948, ausg.12/5.1952. - Ref.C. 1954. 7071.

Herstellung von Maissirup. Soc.Agba. F.P. 1 007 792 vom 1/4.1948, ausg.9/5.1952. - Ref.C. 1953. 3966.

Extrasüßer Maissirup. Union Starch & Refining Co., übert.von Fetzer, W.R. u. Evans, J.W. A.P. 2 487 121, ausg.8/11.1949. - Ref.Stärke 3. 84 (1951).

Maisstärkeprodukt. Corn Products Refining Co., übert.von: Meisel, H. A.P. 2 231 476 vom 13/7.1939, ausg.11/2.1941. - Ref.C.1941. II. 3258.

Stärkesirup aus Mais. Z.Spiritusind. 45. 13 (1922).

Die Verarbeitung von Maisstärke auf Stärkesirup. Z.Spiritusind.44. 413 (1921). - W.Ref. 131.

3814. Spezielle andere Sirupe

Stabile Tafelsirupemulsion. Unilever Ltd. E.P. 972 157 vom 14/6. 1962, ausg.7/10.1964. A.Prior. 16/6.1961; id.mit A.P.3 057 734. - Ref.C. 1965. 44-2776.

Über die Herstellung von Stärkesirup aus Kaoliangschliff und anderen Stärkematerialien. Nakamura, T. Mem.Fac.Agric. 3. 35-55 (1962). - Ref.J.Chem.(russ.) 1963. 5 R 296, C. 1963. 11066, C.A. 62. 1834d (1965).

Über Karamelstärkesirup. Grjuner, W.Ss. Zucker-Ind.(russ.) 35. Nr.12. 52 (1961). - Ref.Stärke 14. 300 (1962).

Herstellung von Sorghum-Sirup. Henrickson. C. E.Circ.Cooper. Extens.Serv.Univ.Kentucky 1958. Nr.559, 20 S. - Ref.J.Chem. (russ.) 1960. Nr. 6797.

Verfahren der Verarbeitung von Zuckerhirse (Sorghum saccharatum) auf Speisesirup. Vašátko, J. und Studnický, J. Chem.Zvesti 10. 39-51 (1956). - Ref.C. 1962. 680.

Gewinnung von stabilem Dextrosesirup aus Reis- oder Weizenmehl. Reverve Sugar Refinery, übert.von: J.M. Brown, W.A. Remis u. F.A. Monroe. A.P. 2 438 033 vom 24/11.1943, ausg.16/3.1948. - Ref.C. 1949. I. 140.

382. Reinigung

(Vgl. auch "Stärke-Hydrolysenlösungen, Reinigung": 374, "Dextrose, Reinigung": 392)

Untersuchung der Filtration von Sirupen mit Patronenfiltern in der Glucosesirup-Industrie. Ladur, T.A. Zucker-Ind.(russ.) 38. 925-30 (1964). - Ref.J.Chem.(russ.) 1965. 15 R285, C. 1965. 32-2919.

Untersuchung der Möglichkeit zur Ausnutzung eines Trommel-Vakuumfilters für die Filtration von Stärkehydrolysaten in der Sirup-Glucose-Industrie. Ladur, T.A. und Patejenko, Ss.K. Zucker-Ind.(russ.) 39. Nr.2. 66-70 (1965). - Ref.J.Chem.(russ.) 1965. 15 R286.

Reinigung von Glukosesirup und Dextroserohsäften mit Separatoren. Huster, H. Stärke 16. 225-29 (1964). - Ref.J.Chem.(russ.) 1965. 7 R282, C. 1965. 13-2936.

Reinigung von Fructosesirup und Glucosehydratlösungen mittels Ionenaustauschern. Spacek, M. Průmysl Potravin 15. 145-48 (1964). - Ref.C. 1964. 1-3074.

Aspekte der Verfärbung und deren Beseitigung beim Maisstärke-Sirup. Scallet, B.L. Stärke 16. 359-64 (1964). - Ref.J.Chem. (russ.) 1965. 11 R355.

Die Reinigung von Glucosesirupen mit Bentoniten. Ladur, T.A. und Dubrinskaja, I.P. Zucker-Ind.(russ.) 1963. Nr.3. 58-62. - Ref.J.Chem.(russ.) 1963. 21 R288.

Über die Vergrößerung der Kapazität der Filterpressen in der Sirupindustrie. Bykowa, Ss.T. Zucker-Ind.(russ.) 1963. Nr.11. 61-63. - Ref.J.Chem.(russ.) 1964. 8 R366.

Die Reinigung von Stärkesirup. 2. Mitt. Die Herstellungstechnologien. Bolgár, P. und Hersiczky, A. Szeszipar 1962. 14-15. - Ref.Stärke 15. 79 (1963), Ref.J.Chem.(russ.) 1962. 24 N475.

Die Resultate von Betriebsuntersuchungen über die Ionenaustauscher-Reinigung von Stärkesirup in der Stärkefabrik von Assar. Hersiczky, A., Simonyi, M., Viragh, László und Viragh, Lászlone. Szeszipar 10. 85-90 u. 108-09 (1962). - Ref.J.Chem. (russ.) 1963. 10 R285.

Die Reinigung von Sirup in der Stärke-Sirupindustrie. 1. Mitt. Die anzuwendenden Materialien. Bolgár, P. und Hersiczky, A. Szeszipar 1961. nov.-dec., 174-76, 184-185. - Ref.J.Chem. (russ.) 1962. 24 N475.

Ein Verfahren zur Raffination von Stärkesirupen. Yanada, T. und Sato, I. Japan.P. 24 028 (61') ausg.22/12.1961. - Ref.J.Chem. (russ.) 1963. 7 R274.

Die Reinigung von Stärkesirup. Hersiczky, A. und Bolgár, P. Szeszipar 1961. 174-76. - Ref.Stärke 15. 79 (1963).

Die Abtrennung von Salzsäure aus Kartoffelsirup mit Hilfe von Kationenaustauschern. Zagrodzki, S. und Olszenko-Piontkowa,Z. Przemysł Spożywczy 15. 324-28 (1961). - Ref.J.Chem.(russ.) 1962. 5 N338, C. 1963. 9912.

Ein Verfahren zur Reinigung von Glucosesirup durch Ionite. Magyar, K., Hersiczky, A., Bolgár, P., Simonyi, M. u. Sárkány, I. Ung.P. 147 569 ausg.1/10.1960. - Ref.J.Chem.(russ.) 1962. 9 N343.

Rationelle Methode zur Behandlung des Sirups mit aktivierter Kohle zur Entfärbung des Sirups. Bytschkow, B.K. und Sokolow, W.N. Zucker-Ind.(russ.) 33. Nr.5. 52-53 (1959). - Ref.Stärke 14. 190 (1962).

Die Reinigung von Stärkesirup mit Bentonit. Krassilschtschikow, B.E. Zucker-Ind.(russ.) 33. Nr.2. 44-45 (1959). - Ref.Stärke 14. 190 (1962).

Reinigen von Stärkesirupen mit Bentonit. Krassilstschikow, B.E. Bäckerei- u.Konditorei-Ind.(russ.) 2. 5-6 (1958). - Ref.C.A.53. 4786c (1959), C. 1959. 17535.

Untersuchung auf dem Gebiet der Neutralisation und der Reinigung von nach der Schwefelsäure-Methode hergestellten Sirupen. Ssidorowa, Je.K. Dissertation Moskau (1955) Technol.Inst.f. Lebensmittelind.

Entfernung von Eisen aus Sirup. Kuroyanagi, Y. Japan.P.4077 ('51) vom 27/7.1951. - Ref.C.A. 47. 2523a (1953), Stärke 5. 94 (1953).

Entfernung von Eisen aus halbflüssigen Süßigkeiten. Ishiyama, I. Sci.of Foods 4. 15-17 (1950). - Ref.C.A. 47. 2387i (1953).

Über das Verhalten von Stärkesirupsäften beim Einkochen und bei Aktivkohlebehandlung unter Betriebsbedingungen. Hönsch, W. Stärke 2. 195-98 (1950).

Die Filtration über Knochenkohle in der Stärkesirupindustrie. Jäger, E. Stärke 1. 141-42 (1949). - Ref.C. 1949. E 4295.

Herstellung klarer Lösungen von Stärkesirup. American Maize Products Co., übert.von: Buchanan, B.F. A.P. 2 370 123, ausg. 27/2.1945. - Ref.C.A. 39. 3956 (1945), C. 1945. II. 586.

Reinigen von Stärkesirup und Stärkezuckersäften. Stärkefabrik Kyritz GmbH. (Erfinder: Hönsch, W.). D.R.P. 715 705 Kl. 89i vom 11/3.1938, ausg.6/1.1942. - Ref.C. 1942. I. 2466.

Reinigen von Lösungen von Stärkesirup und Stärkezucker. International Patents Devlopment Co., übert.von: Mc Coy, Rush, O. A.P. 2 105 221 vom 25/6.1936, ausg.11/1.1938. - Ref.C. 1938. I. 3276.

Reinigung von Stärkesirup- und Stärkezuckersäften. Stärkefabrik Kyritz GmbH. D.R.P. 616 985 Kl. 89i vom 3/1.1933, ausg.9/8. 1935. - Ref.C. 1935. II. 3312.

Die Filtration über Knochenkohle in der Stärkesirupindustrie. Hinze, A. Z.Spiritusind. 55. 166-67 (1932).

Die Filtration über Knochenkohle in der Stärkesirupindustrie. Z.Spiritusind. 55. 178 (1932).

Die Filtration über Knochenkohle in der Stärkesirupindustrie. Hinze, A. Z.Spiritusind. 55. 166-67 (1932). - Ref.C. 1932. II. 2251.

Melasse aus Kartoffelstärke bei Behandlung des Sirups mit Aktivkohle. Nahrungsmittel-Ind.(russ.) 1932. Nr.4. 24-28. - Ref.C. 1933. I. 3014.

Filtration über Knochenkohle in der Stärkesirupindustrie. Ebel,J. Z.Spiritusind. 55. 189 (1932). - Ref.C. 1932. II. 2750.

Die Reinigung von Kartoffel- und Maisstärkesirup durch Aktivkohle (Norit). Taegener, W. Z.Spiritusind. 53. 155-57 (1930). - Ref.C. 1930. II. 1004.

Reinigung und Klärung von Stärkesirup und Stärkezuckerlösungen. National Aluminate Corp., übert.von: C.H. Christman. A.P. 1 692 817 vom 21/2.1927, ausg.27/11.1928. - Ref.C. 1929. I. 2252.

Die Bedeutung der Entfärbungskohlen in der Fabrikation des Stärkesirups (Glucose). Ebel, J. Z.Spiritusind. 50. 351-52 (1927). - Ref.C. 1928. I. 979.

Die Reinigung von Maisstärke-Sirup durch Norit. (Übersetzung). Bartling, W. Z.Spiritusind. 50. 122, 130, 137-38 (1927).

383. Trockensirup

Trockenstärkesirup Lycomalt. Hartmann, G. Alkohol-Ind. 76. 385-88 (1963).

Zerstäubungstrocknung unter besonderer Berücksichtigung der Herstellung von Trocken-Stärkesirup. Appels, P. Stärke 15. 412-15 (1963).

Herstellung eines Trockenproduktes aus einer wässrigen Kohlenhydratdispersion, wie Stärkesirup. United States of America, Secretary of Agriculture (Erfinder: Morgan, A.I. jun. und Ginette, L.F.). A.P. 3 064 722 vom 11/1.1960, ausg.20/11.1962. - Ref.C. 1965. 32-2928.

Herstellung eines proteinhaltigen Trockensirups. Griffith Laboratories, Inc. (Erfinder: Sair, L.). A.P. 2 947 636 vom 29/10. 1958, ausg.2/8.1960. - Ref.C. 1962. 1069, Stärke 14. 382 (1962).

Entwässern von Stärkehydrolysaten durch Verdampfung. Corn Products Refining Co. E.P. 822 748 vom 31/10.1956, ausg.28/10. 1959. Mex.Prior. 6/4.1956, id.mit D.A.S. 1 030 270.

Die Herstellung von Trockenstärkesirup. Wolff, O. Stärke 3. 301 (1951). - Ref.C. 1952. 7427.

Die Herstellung von Trockenstärkesirup. Hönsch, W. Stärke 3. 255-57 (1951). - Ref.C. 1952. 1254.

Trocknen von Stärkesirup. Clinton Industries, Inc., übert.von: W.R. Fetzer. A.P. 2 502 935 vom 22/12.1947, ausg.4/4.1950. - Ref.C. 1951. I. 135.

Herstellung von haltbaren Trockenprodukten aus Stärkesirup. Jönsson, E. und Nordenskjöld, T. Dän.P. 72 730 vom 27/4.1946, ausg.2/7.1951. Schwed.Prior.10/12.1945. - Ref.C. 1952. 6777.

Nichthygroskopisches Stärkesirup-Pulver. Nordenskjöld, T. und Jönsson, E.A. A.P. 2 501 406 vom 11/9.1946, ausg.21/3.1950. Schwed.Prior. 10/12.1945. - Ref.C. 1951. II. 1677.

Sprühtrocknung von Stärkesirup. American Maize Products Co. (Erfinder: Schopmeyer, H.H.). A.P. 2 433 818 ausg.30/12.1947. - Ref.Stärke 1. 79 (1949).

Herstellung eines trockenen, nichthygroskopischen Produktes aus Stärkesirup. Nordenskjöld, T. und Jönsson, E.A. Schwz.P. 254 230 vom 11/6.1946, ausg.16/12.1948. Schwed.Prior.10/12. 1945. - Ref.C. 1948. E. 677.

Überführung von flüssigem Stärkesirup in eine feste wasserfreie Masse. Union Starch u. Refining Co., Columbus, Ind., übert. von: Fetzer, W.R. A.P. 2 439 384 vom 27/1.1942, ausg.13/4. 1948. - Ref.C. 1948. II. 1242, Stärke 1. 79 (1949).

Getrocknetes Stärkezuckerpräparat aus Stärkezuckersirup. American Maize-Products Co., übert.von: Walsh, J.M. A.P. 2 223 925 vom 31/8.1939, ausg.3/12.1940. - Ref.C. 1941. II. 418.

Trocknen von Stärkesirup. Borden Co., übert.von: R.S. Fleming u. W.G. Hawley u. F.D. Parker. Can.P. 376 402 vom 16/1.1937, ausg.13/9.1938. A.Prior. 16/1.1936. - Ref.C. 1939. I. 827.

Trocknen von Stärkezuckersirup. Borden Co., übert.von: R.S. Fleming, F.D. Parker u.W.G. Hawley. A.P. 2 149 517 vom 16/1.1936, ausg.7/3.1939. - Ref.C. 1939. II. 252.

Herstellung eines Trockenprodukts aus Stärkezuckersirup. Deutsche Stärke-Verkaufsgenossenschaft eGmbH. Poln.P. 19 182 vom 17/1. 1933, ausg.25/1.1934. D.Prior. 20/12.1932. - Ref.C. 1934. I. 3669.

Herstellung eines Trockenproduktes aus Stärkezuckersirup. Deutsche Stärke-Verkaufsgenossenschaft eGmbH. D.R.P. 644 754 Kl. 89i vom 21/12.1932, ausg.3/9.1938. Zus.zu D.R.P. 625 828. C. 1936. I. 3590. - Ref.C. 1938. II. 4141.

Herstellung eines Trockenproduktes aus Stärkezuckersyrup.Deutsche Stärke-Verkaufsgenossenschaft eGmbH. (Erfinder: O. Wolff). D.R.P. 625 828 Kl. 89i vom 15/1.1931, ausg.15/2.1936. - Ref.C. 1936. I. 3590.

384. Eigenschaften

(Lagerungseinflüsse, Verfärbung, Trübungen, Viskosität. Vgl. auch "Untersuchung, allgemein": 385, "Zusammensetzung": 386, "Trockensubstanz, Beimengungen": 387)

Der Sättigungskoeffizient von Saccharose in Zucker, Stärkesirup beziehungsweise Invertzucker enthaltenden Lösungen. Subtschenko, A.W. Brot- u.Konditorei-Ind.(russ.) 8. Nr.4. 7-10 (1964). - Ref.C. 1965. 6-2872.

Verfärbung von Maisstärke-Sirup durch Licht. Scallet, B.L. Stärke 15. 4-6 (1963). - Ref.J.Chem.(russ.) 1963. 20 R239, C. 1964. 52-2708.

Einfluß der Nichtzuckerbestandteile des Stärkesirups auf seine Inversionskraft. Rasper, V. Listy cukrovarnické 79. 256-67 (1963). - Ref.Stärke 16. 73 (1964), C. 1964. 25/26-2748.

Wärmephysikalische Eigenschaften von Siruplösungen. Shura, Ss.K. Zucker-Ind.(russ.) 1962. Nr.3. 72-73. - Ref.J.Chem.(russ.) 1962. 18 N283.

Über den Zusammenhang von Viskosität mit DE-Wert, spezifischer Drehung, Jodfarbe und Trübung durch Äthanol bei Stärkesirupen. Duintjer, H.E. Stärke 13. 4-8 (1961).

Einfluß von Metallsalzen auf die Verfärbung von Karamelsirup. Yoshihiro, Y. und Nakamura, M. J.chem.Soc.Japan, Ind.Chem. Sect. 63. 1421-26 (1960). - Ref.J.Chem.(russ.) 1961. Nr.10N318, C.A. 56. 15716c (1962).

Einfluß des pH auf die Verfärbung von Glucosesirup. Yoshihiro, Y. und Nakamura, M. J.chem.Soc.Japan, Ind.Chem.Sect. 63. 161-165 (1960). - Ref.J.Chem.(russ.) 1961. Nr.2 N316.

Quantitative Beziehungen zwischen der Farbe und dem beim Erhitzen von saurem Glucosesirup gebildeten 5-Hydroxymethyl-2-furaldehyd. Yoshihiro, Y. und Nakamura, M. J.chem.Soc.Japan, Ind. Chem.Sect. 63. 157-61 (1960). - Ref.J.Chem.(russ.) 1961. Nr. 7 N345.

Die Beziehung zwischen Dextroseäquivalent und Viscosität von Stärkesirupen. Hiwatashi, Y. J.Starch Sweetener technol.Soc. (Japan) 1959. Nr. 19. 1-5. - Ref.C.A. 53. 20866a (1959).

Die Farbe von Stärkesirup in Beziehung zu den Proteinen. Shimamura, C. J.Starch Sweetener technol.Soc.(Japan) 1959. Nr.19. 11-15. - Ref.C.A. 53. 20865f (1959).

Über die Ursachen des hohen Inversionsvermögens der Stärkesirupe. Malinský, V. Stärke 10. 11-15 (1958). - Ref.C. 1959. 3995, C.A. 53. 20865f (1959).

Anmerkungen zur photochemischen Veränderung lagernder Stärkesirupe. Deschreider, A.R. Rev.Fermentat.Ind.aliment. 12. 145-47 (1957). - Ref.C. 1958. 12550.

Spektralphotometrische Untersuchungen über die Vergilbung von Stärkesirupen bei der Lagerung. Lindemann, E. Stärke 7. 86-94 (1955). - Ref.C.A. 50. 13486c (1956), C. 1956. 10134.

Über Verfärbungen bei Stärkesirupen beim Erhitzen und Lagern. Lindemann, E. Zucker- u.Süßwaren-Wirtsch. 8. 1008-10, 1029-32 (1955). - Ref.C. 1956. 7953.

Der Einfluß von Oxymethylfurfurolspuren auf die Qualität von Stärkesirupen. Lindemann, E. Gordian 55. 1320, 20-23 (1955).

Erfahrungen über den Transport von Stärkesirupen. Grunewald, A. Stärke 7. 141-47 (1955). - Ref.C. 1956. 11862.

Die Bedeutung einiger Aminosäuren und Metallspuren bei der Verfärbung von erhitztem Glucosesirup. Deschreider, A.R. Rev.Fermentat.Ind.aliment. 9. 111-16 (1954). - Ref.C. 1955. 4474.

Über die Färbung der handelsüblichen Glucosesirupe beim Erhitzen. Deschreider, A.R. und Maes, E. Rev.Fermentat.Ind.aliment. 9. 37-38 (1954). - Ref.C. 1950/54. 2901 S.

Der Einfluß von Spuren von Kupfer und Glycin auf die Verfärbung von erhitztem Glucosesirup. I. Erhitzen bei Abwesenheit von Schwefligsäureanhydrid. Deschreider, A.R. Rev.Fermentat.Ind. aliment. 9. 25-36 (1954). - Ref.C. 1950/54. 2900 S.

Die Maillard-Reaktion und das Vergilben des Stärkesirups. Wegner, H. Stärke 6. 5-10 (1954). - Ref.C. 1954. 9411.

Einwirkung der Stärkehydrolyse auf die Eigenschaften von Sirup. Alexandrow, W.W., Afanassjewa, N.W. und Gryuner, W.S. Arb.zentral.Forsch.-Inst.Stärke-Sirup-Ind.(russ.) 1953. Nr.9.49-72. - Ref.C.A. 50. 53161 (1956).

Neue Untersuchungen über die kristallisationshemmenden Eigenschaften von Stärkesirupen. Weiss, H. Zucker- u.Süßwaren-Wirtsch. 6. 627-30 (1953). - Ref.C. 1954. 9411.

Neue Untersuchungen über die kristallisationshemmenden Eigenschaften von Stärkesirupen. Weiss, H. Stärke 5. 125-29 (1953). - Ref.C. 1953. 8732.

Über die Färbung der handelsüblichen Glucosesirupe beim Erhitzen. Deschreider, A.R. und Maes, E. Rev.Fermentat.Ind.aliment. 8. 223-27 (1953). - Ref.C. 1954. 11323, Stärke 6. 113 (1954), C.A. 48. 3579b (1954).

Laufende Kontrolle des Verzuckerungsgrades bei der Stärkesirupherstellung im Konverter mittels der "Eiszapfen"-Methode. Bielicki, W. und Rzechowska, E. Prace Glównego Instytutu Przemyslu Rolnego i Spozywczego (polnisch) 2. H.4. 18-21(1952).

Verdickungsvermögen und Süßkraft von Stärkesirup. Roederer, H. Stärke 4. 19-22 (1952). - Ref.C. 1952. 5662.

Viscositätsmessungen an Stärkesirupen. Barthel, R. Stärke 3. 251-53 (1951). - Ref.C. 1952. 3582.

Die Entwicklung von Schwefelwasserstoff in Sirupen mit einem Gehalt an unterphosphoriger Säure. Johnson, H.K. und Stephenson, W.H. J.Pharmacy Pharmacol 3. 784-93 (1951). - Ref.C.1952. 412.

Bestimmung der Dichte von Malzsirup. Verwendung des Brabender-Viscosimeters zur Sirupdensimetrie. Fosnot, R.H. und Haman, R.W. Analytic.Chem. 20. 955-57 (1948). - Ref.C. 1948. E.676.

Dextrine aus Maisstärkesirup. Wirkung des Dextrosegehaltes des Sirups auf die Eigenschaften. Evans, J.W. und Fetzer, W.R. Ind.Engng.Chem.,Ind.Edit. 35. 439-41 (1943). - Ref.C. 1946. II. 2482.

Über die Verfärbung von Stärkesirup, hervorgerufen durch Lagerung und Wärmeeinwirkung. Hospes, B. Z.Spiritusind. 64. 147 (1941). - Ref.C. 1941. II. 2388.

Stärkesirupe. Resistenz gegen die Verfärbung in der Wärme. Hospes, B. Sbornik Ceske Akad.Zemedelske 15. 337-42 (1940). - Ref.C. 1941. I. 2601.

Über die Haltbarkeit und Lagerung von Stärkesirup. Luckow, C. Dtsch.Destillateur-Ztg. 52. 87 (1931). - Ref.C. 1931. I. 2404.

Über das Konservieren der Sirupe. Schumacher, Zoltán. Ber.ung. pharmaz.Ges. 4. 30-31 (1928). - Ref.C. 1928. I. 1549.

Der relative Wert einiger ätherischer Öle als Konservierungsmittel für Stärkesirup. Cochran, C.B. und Perkins, J.W. J.Ind.Engng.Chem. 6. 306-7 (1914). - Ref.C. 1914. I. 1789.

Wodurch werden bei dem Verdünnen von Stärkesirup Trübungen verursacht und auf welche Weise werden sie vermieden? Parow, E. Z.Spiritusind. 33. 555 (1910).

Die Grädigkeit und der Säuregehalt der Stärkesyrupe. Saare, O. Z.Spiritusind. 25. 479-481 (1902). - W.Ref. 82.

Die Grädigkeit der Stärkesirupe. Saare, O. Z.Spiritusind. 25. 44-45 (1902).

Zur Trübung von Stärkesirup beim Auflösen in Wasser. Saare, O. Z.Spiritusind. 25. 22 (1902).

Was für Gefäße eignen sich am besten zur Aufnahme von Sirupsäften? Krizkovsky, O. Z.Spiritusind. 25. 441 (1902).

Trübungen im Stärkesyrup. Saare, O. Z.Spiritusind. 21. 79-80 (1898). - W.Ref. 76.

385. Untersuchung allgemein

(Reinheit, Färbung, Durchsichtigkeit, Wassergehalt. Vgl. auch "Eigenschaften": 384, "Zusammensetzung": 386, "Trockensubstanz, Beimengungen": 387, "Bestimmung, Nachweis von Sirup": 571)

Zur Frage der Bestimmung der Färbung und Durchsichtigkeit von Stärkesirupen. Dubinskaja, I.P. und Jakowlewa, W.N. Zucker-Ind.(russ.) 40. Nr.4. 68-73 (1966).

Untersuchungen über die Auskristallisationstendenz von Zuckersirup und ihre Verhinderung. Temperli, M., Briner, F. und Sager, H. Pharmac.Acta Helvetiae 39. 741-51 (1964). - Ref.C. 1965. 30-1769.

Bestimmung des Färbungs- und Trübungsgrades von Stärkesirup und Erzeugnissen aus Stärkesirup. Archipowitsch, N.A. und Zatyrko, A.P. Zucker-Ind.(russ.) 37. 56-59 (1963). - Ref.J.Chem.(russ.) 1963. 18 R251, C.A.(M.) 58. 14277g (1963).

Beitrag zur Aufbewahrung von Stärkesirup in verzinkten Gefäßen. Drux, A. und Bauer, H.J. Nahrung 7. 67-70 (1963). - Ref.Stärke 15. 114 (1963), C. 1964. 6/7-2803, C.A.(M.) 58. 14278e (1963), Ref.J.Chem.(russ.) 1963. 21 R290.

Versuche über die Filmverdampfung von Stärkesirup. Bosselmann, A. und Bosselmann, W. Stärke 13. 393-96 (1961). - Ref.C. 1962. 12494, C.A. 56. 89811 (1962), Ref.J.Chem.(russ.) 1962. II N297.

Untersuchung des Zusammenhanges zwischen der Farbe saurer Stärkehydrolysate und 5-Oximethyl-2-furfurol. Yoshihiro, Y. und Nakamura, M. Rep.Inst.ind.Sci.Univ.Tokyo 10. 145-90 (1961). - Ref.J.Chem.(russ.) 1961. 21 N 247.

Die Rolle des 5-Oximethylfurfurol bei dem Nachdunkeln von Glucosesirup. 6. Mitt. Die Rolle des 5-Oximethylfurfurol bei der Bildung von Melanoidinverbindungen. Yoshihiro, Y., Kuroiwa, S. und Nakamura, M. Monthly J.Inst.Ind.Sci.Univ.Tokyo 12. 308-10 (1960). - Ref.J.Chem.(russ.) 1961. 21 N245.

Die Rolle des 5-Oximethylfurfurol bei dem Nachdunkeln von Glucosesirup. 5. Mitt. Der Einfluß von geringen Mengen von Aminosäuren auf die Bildung von färbenden Stoffen und von 5-Oximethylfurfurol in erhitzten sauren Sirupen. Yoshihiro, Y., Kuroiwa, S. und Nakamura, M. Monthly J.Inst.Ind.Sci.Univ.Tokyo 12. 231-33 (1960). - Ref.J.Chem.(russ.) 1961. 21 N 245.

Die Bestimmung des Wassergehaltes in Stärkesirup. 1. Mitt. Die Anwendung von Plastefilmen bei der Untersuchung von Stärkesirup. Tsutsumi, Ch. und Nagahara, T. J.Utilizat.agric.Prod. 7. 76-79 (1960). - Ref.J.Chem.(russ.) 1961. 17 N313.

Colorimetrische Bestimmung von Oxymethylfurfurol in gefärbtem Glucosesirup. Yoshihiro, Y. und Nakamura, M. J.chem.Soc.Japan, Ind.Chem.Sect. 62. 208-10 (1959). - Ref.J.Chem.(russ.) 1959. Nr.83766, C.A. 55. 25301h (1961), C.A. 57. 16948a (1962).

Ein Beitrag zur Frage der Trockensubstanzbestimmung in Stärkesirupen. Malinsky, V. Stärke 11. 63-67 (1959). - Ref.C.A.53. 13635b (1959), C. 1960. 674.

Die Reinheitsgradermittlung von Mischsirupen im Urteil des Bundesfinanzhofes. Heydt, G. Zucker 12. 543-45 (1959).

Die Reinheitsgradbestimmung von Mischsirupen in der höchstrichterlichen Rechtsprechung. Heydt, G. Stärke 11. 367-69 (1959).

Zur Analytik von Stärkesirupen. Lindemann, E Stärke 8. 1-4 (1956). - Ref.C. 1956. 14198, C.A. 51. 1634d (1957).

Die Problematik der Reinheitsgradbestimmung von Mischsirupen. Heydt, G. Stärke 8. 272-74 (1956).

Sortenunterschiede beim Stärkesirup und ihre analytische Kennzeichnung. Illies, R. Zucker- u. Süßwaren-Wirtsch. 7. 715-17 (1954). - Ref.C. 1950/54. 2902 S.

Über die Bestimmung der "Reinheit" von Stärkesirupen und über deren Gehalt an einzelnen Zuckerarten. Illies, R. Stärke 6. 21-26 (1954).

Ein neues Projektionsrefraktometer. Hartig, H.P. Stärke 3. 160-66 (1951). - Ref.C. 1952. I. 145.

Über Phosphorsäuregehalt, Säuregrad und Inversionszahl des Stärkesirups. Wegner, H. Stärke 3. 188 (1951).

Erfahrungen bei der Bestimmung des Säuregrades von Stärkesirupen in wässriger und alkoholischer Lösung. Dörner, H. Stärke 2. 87-88 (1950). - Ref.C. 1951. I. 1240.

Photoelektrische Farbabstimmung bei Maissirup. Scallet, Barrett,L. Analytic.Chem. 20. 591-92 (1948). - Ref.C. 1948. E. 1541.

Die Beurteilung von Stärkesirup nach dem Inversionsvermögen. Heyns, K. Z.Lebensmittel-Unters.u.Forsch. 88. 46-49 (1948). - Ref.C. 1950. I. 131.

Die Bestimmung der spezifischen Drehung als Hilfsmittel der Sirupuntersuchung. Tryller, H. Z.Lebensmittel-Unters.u.Forsch. 88. 616-18 (1948). - Ref.C. 1950. I. 131.

Tabellen für Berechnungs-Index-Trockensubstanz für Stärke-Umwandlungs-Produkte. Cleland, J.E., Evans, J.W., Fauser, E.E. und Fetzer, W.R. Ind.Engng.Chem., analyt.Edit. 16. 161-65 (1944). - Ref.C. 1946. II. 2482.

Baumé-DextroseÄquivalent Trockensubstanz. Tabellen für Maissirup und Maiszucker. Fauser, E.E., Cleland, J.E., Evans, J.W. und Fetzer, W.R. Ind.Engng.Chem., analyt.Edit. 15. 193-200 (1943). - Ref.C. 1946. II. 2482.

Die Wassergehaltsbestimmung in Zuckerprodukten. Die Filtrierpapiermethode bei Stärkesirup. Evans, J.W. und Fetzer, W.R. Ind.Engng.Chem.Analyt.Edit. 13. 855-57 (1941). - Ref.C. 1942. II. 1186.

Die Wassergehaltsbestimmung in Zuckerprodukten. Die Anwendung von Filter-Cel bei Stärkesirup. Cleland, J.E. und Fetzer, W.R. Ind.Engng.Chem., analyt.Edit. 13. 858-60 (1941). - Ref.C. 1942. II. 1187.

Über den Chlorid- und Phosphatgehalt von Blütenhonig, Tauhonig, Kunsthonig und Stärkesyrup. Büttner, G. Z.Unters.Lebensmittel 80. 248-54 (1940). - Ref.C. 1940. II. 2832.

Untersuchungen an handelsüblichen Stärkesirupen. Kröner, W. und Kothe, H. Z.Spiritusind. 62. 69-70, 77 (1939). - Ref.C. 1939. I. 3812.

Zur Kritik der Untersuchungsmethodik für Stärkesirup. Kröner, W. und Kothe, H. Vorratspflege u.Lebensmittelforsch. 2. 1-9 (1939). - Ref.C. 1939. I. 2886.

Zur physiologischen Bewertung von Stärkesirup. Kröner, W. und Reischel, W. Z.Spiritusind. 61. 115-16. Vorratspflege u.Lebensmittelforsch. 1. 297-99 (1938). - Ref.C 1938. II. 1502.

Brixfaktoren für Lösungen von Stärkesirup und Stärkezucker.Fetzer, W.R. und Evans, J.W. Ind.Engng.Chem. 28. 285-88 (1936). - Ref.C. 1937. II. 1096.

Baumé-Reinheit-Wassertabellen für Maissirup. Fetzer, W.R. und Evans, J.W. Ind.Engng.Chem.Analyt.Edit. 7. 41-43 (1935). - Ref.C. 1935. II. 3169.

Über die Bestimmung des Stärkesirups. Intonti, R. und Vercillo, A. Ann.chim.applicata 24. 327-47 (1934). - Ref.C. 1935. I. 489.

Über die Verwendung von neutralem Lackmuspapier als Indikator. Ekhard, W. Z.Spiritusind. 50. 70-71 (1927).

Die Analyse des Stärkezuckersirups auf optischem Wege. Wolff, O. Chem.-Ztg. 46. 1101-1103 (1922). - Ref.C. 1923. II. 1220.

Untersuchungen von Maisstärkesirup. Parow, E. Z.Spiritusind. 45. 229 (1922). - W.Ref. 1986, C. 1922. IV. 1090, C.A. 17. 1730 (1923).

Stärkesirup und -zucker aus Kartoffeln und Mais. Behre, A., Dühring, A. und Ehrecke, H. Z.Unters.Nahrungs- u.Genußmittel 42. 242-246 (1921). - Ref.C. 1922. II. 754.

Ist eine Bestimmung des Zuckergehalts in Stärkesirupen durch Polarisation möglich? Preuß, E. Z.Spiritusind. 27. 137 (1904).

Methode zur Bestimmung der Beschaffenheit eines Stärkesirups. Günther, L. Z.Spiritusind. 27. 106 (1904).

Beiträge zur Untersuchung der Stärkesirupe. Rössing, A. Z.öffentl. Chem. 10. 277-279 (1904). - W.Ref. 1490, C. 1904. II. 855.

Beiträge zur Untersuchung der Stärkesirupe. Rössing, A. Z.öffentl. Chem. 10. 1-7 (1904). - W.Ref. 1489, C. 1904. I. 757.

Beiträge zur Untersuchung der Stärkesirupe. Rössing, A. Z.öffentl. Chem. 9. 133-142 (1903). - W.Ref. 1487, C. 1903. I. 1378.

Über Zusammensetzung und Untersuchung von Stärkesyrupen. Hönig,M. Z.Unters.Nahrungs- u.Genußmittel 5. 641-653 (1902). - W.Ref. 1485.

Analyse von "Golden-Syrup". Leonard, N. Analyst 25. 85-87 (1900).

Untersuchungen von Stärkesirupen. Weber, H.A. und Pherson, W.Mc. Proc. of the Conv. of Official Agric. Chemists 1894. 126. - Ref.C. 1895. II. 318.

386. Zusammensetzung der Kohlenhydrate

(Vgl. auch "Papierchromatographie von Zuckern": 576)

Isolierung und Bestimmung der Saccharid-Komponente von Stärkehydrolysaten. 2. Mitt. Bestimmung. Hoover, W.J., Nelson, A.I, Milner, R.T. und Wei, L.S. J.Food Sci. 30. 253-61 (1965). - Ref.J.Chem.(russ.) 1966. 3 R358.

Isolierung und Bestimmung der Saccharid-Komponente von Stärkehydrolysaten. 1. Mitt. Isolierung. Hoover, W.J., Nelson, A.I., Milner, R.T. und Wei, L.S. J.Food Sci. 30. 248-52 (1965). - Ref.J.Chem.(russ.) 1966. 3 R357.

Anwendung der Gaschromatographie zur Untersuchung von Zuckern und Stärkehydrolysenprodukten. Geyer, H.U. Stärke 17. 307-13 (1965).

Zusammensetzung des Glucosesirups. Martin, J.L. Ann.Falsificat. expert.chim. 57. Nr. 664 105-08 (1964). - Ref.J.Chem.(russ.) 1965. 15 R281, C.A. 62. 10653d (1965).

Quantitative papierchromatographische Analysen von Kohlenhydraten in Stärkehydrolysenprodukten mit Hilfe der Ulbricht'schen Kugel. Sroczyński, A. und Boruch, M. Stärke 16. 112-18 (1964). - Ref.C. 1965. 7/8-2891.

Die Bestimmung von Glucose neben Maltose und Isomaltose durch ein stabiles, spezifisches Enzym. Fleming, I.D. und Pegler, H.F. Analyst 88. 967-68 (1963). - Ref.Stärke 16. 371 (1964), C.A.(B.) 60. 7127a (1964), C. 1965. 37-2043.

Die Bestimmung von Maltotetraose in Umwandlungsprodukten von Stärke. Mansford, K.R.L. Analyst 88. 649-51 (1963). - Ref.C. 1964. 22-1780, C.A.(B.) 59. 13092a (1963), Stärke 16. 371 (1964), Ref.J.Chem.(russ.) 1964. 7 R420.

Eine Glucoseoxydase-Methode zur schnellen Bestimmung von Glucose in Umwandlungsprodukten von Stärke. Mansford, K.R.L. und Opie, R.K. Analyst 88. 646-48 (1963). - Ref.C. 1964. 22-1779,C.A.(M.) 59. 13002e (1963), Stärke 16. 371 (1964), Ref.J.Chem.(russ.) 1964. 4 R 353.

Analyse von Maisstärkesirup durch selektive Absorption. Chem. Processing (London) 9. Nr.8. 32 (1963). - Ref.J.Chem.(russ.) 1964. 7 R422.

386

Zusammensetzung des Glucosesirups. Martin, J.-L. Rev.fabricants confis.,chocolat.confit.,biscuit 38. Nr.7. 16, 18-19 (1963). - Ref.J.Chem.(russ.) 1964. 11 R367.

Die Isolierung von Maltotriose und Maltotetraose aus Stärkehydrolysaten. Clark, A.G. und Mansford, K.R.L. Nature (London) 200.30-32 (1963). - Ref.C. 1964. 36-2501, C.A.(B.) 59. 14226e (1963), Stärke 16. 204 (1964), Ref.J.Chem.(russ.) 1964. 9 R349.

Die quantitative Bestimmung von Saccharose, Stärkesirup und Invertzucker im Gemisch. Rasper, V. Listy Cukrovarnické 78. 277-81 (1962). - Ref.J.Chem.(russ.) 1963. 12 R304, C.A.(M.) 58. 12751e (1963), C. 1964. 29-2366, Stärke 17. 97 (1965).

Papierchromatographische Analyse der Disaccharidfraktion von durch Säure hydrolysierten Maisstärkesirup mit einem Dextroseäquivalent von 60. Trennung von 11 Glucodisacchariden. Ough, L.D. Analytic.Chem. 34. 660-64 (1962). - Ref.C.A. 57. 1522d (1962). Ref.J.Chem.(russ.) 1962. 23 N388, Stärke 14. 441 (1962), C. 1963. 17907.

Der Dextrose- und Maltosegehalt von handelsüblichem Glucosesirup. Patterson, St.J. und Buchan, J.L. Analyst 85. 75-76 (1960). - Ref.C. 1960. 9402, C.A. 54. 23388d (1960), Stärke 13. 61(1961).

Eine Untersuchung der in Rohrzuckersirupen vorhandenen Polysaccharide. Sutherland, G.K. Austral.J.biol.Sci. 13. 300-06 (1960). - Ref.C. 1961. 11173.

Untersuchungen an Stärkesirupen. Burmeister, H. Stärke 11. 31-38 (1959). - Ref.C.A. 53. 15611a (1959), C. 1960. 324.

Über die zulässigen Abweichungen bei der Durchführung der Analysen in der Maisstärkesirup-Produktion. Bytschkow, B.K. Zucker-Ind. (russ.) 33. Nr. 9. 55-56 (1959). - Ref.J.Chem.(russ.) 1960. Nr.24183, C. 1960. 8372, Stärke 13. 149 (1961).

Die Qualitätsbeurteilung von Stärkesirup durch Papierchromatographie. Wojciechowicz, M. und Andrelowicz, A. Roczniki pańhstwowego Zakladu Hig. 8. 161-75 (1957). - Ref.C. 1958.13119, Stärke 11, 140 (1959).

Die Verdünnungsmethode nach Curin zur Untersuchung von Pasten und Sirupen mit Berichtigung der Refraktometerwerte. Vavrinecz, G. Cukoripar 9. 184-87 (1956). - Ref.C. 1958. 283.

Angaben über die Zusammensetzung der Stärkesirupe mit besonderer Rücksicht auf das Verhältnis von Dextrin-Maltose-Glucose. I. Mitt. Lutter, B. und Szentjóbi, O. Elelmiszervizsgálati Közlemények 2. 247-56 (1956).

Spektrophotometrische Untersuchung über Glucosesirup. Jacinto,Q.I. und Freccero, R.M. pR (Montevideo) 5. Nr.4. 19C-59C (1955). - Ref.C.A. 52. 16581 (1958).

Papierchromatographisch-lebensmittelanalytische Untersuchungen an Stärkesirup verschiedener Herkunft. Greiner, A. Dissertation, Berlin 1955. 98 S.

Bestimmung von einigen Komponenten in Maissirup durch quantitative Papierchromatographie. Whistler, R.L. und Hickson, J.L. Analytic Chem. 27. 1514-17 (1955). - Ref.C. 1957. 3094.

Zusammensetzung von Stärkehydrolysaten und Dextrosepolymeren aus einer Krøyer-Versuchsanlage. Borud, O.J. Stärke 7. 253-57 (1955). - Ref.C. 1957. 1813, C.A. 51. 1633b (1957).

Zur Analyse von Stärkesirupen. Robinson-Görnhardt, L. Stärke 7. 305-310 (1955). - Ref.C.A. 51. 1634a (1957).

Zur Analyse von Stärkesirupen. Görnhardt, L. Dtsch.Lebensmittel-Rdsch. 49. 21 (1953).

Untersuchungen über den durchschnittlichen Polymerisationsgrad von Dextrinen in Stärkesirupen und eine einfache Methode zu seiner Bestimmung. Lindemann, E. Stärke 4. 68-73 (1952). - Ref.C. 1953. 1258.

Die Bestimmung der verschiedenen Kohlenhydrate im Stärkesirup. Rüggeberg, H. Zucker- u.Süßwaren-Wirtsch. 5. 452-56 (1952). - Ref.C. 1953. 1896, C.A. 49. 2766b (1955).

Eine auf selektiver Adsorption beruhende Methode zur Stärkesirup-Analyse. McDonald, E.J. und Perry, R.E.jr. J.Res.nat.Bur. Standards 47. 363-66 (1951). - Ref.C. 1953. 4616.

Eine physikalisch-chemische Methode zur Analyse von Stärkesirup. Reprintzew, M.S. und Charin, S.Je. Kolloide in der Lebensmittel-Ind.(russ.), Sammlung 2, Moskau 1949. 164-69.

Analyse von Stärke-Sirup. Clendenning, K.A., Wright, D.E. und Shewfelt, A.L. Can.J.Res. 26.Sect.F. 175-84 (1948). - Ref.Stärke 1. 79 (1949).

Biochemische Zuckerbestimmungen. III. Mitt. Voorst, Th.van. Chem.Weekbl. 36. 253-56 (1939). - Ref.C. 1939. II. 1793.

Die Zusammensetzung von Stärkesirupen. Raux, J. Bull.Assoc. Chimistes 54. 639-46 (1937). - Ref.C. 1937. II. 2604.

Eine Untersuchung über die Bestimmung der reduzierenden Zucker in Glucose (Stärkesirup). Segal, B. J.South-Afric.chem.Inst. 17. 54-57 (1934). - Ref.C. 1935. I. 1138.

Stärkesirupanalyse. Die Bestimmung von Glucose, Maltose und Dextrinen nebeneinander. Steinhoff, G. Z.Spiritusind. 56. 64-65 (1933). - Ref.C. 1933. I. 3638.

Bestimmung von Dextrin, Maltose und Dextrose im Maissirup. Fetzer, W.R., Evans, J.W. und Longenecker, J.B. Ind.Engng.Chem.Analyt. Edit. 5. 81-84 (1933). - Ref.C. 1933. II. 627.

Analyse der Stärkeprodukte, die bei der diastatischen Verzuckerung entstehen. Effront, J. Ann.Zymol. (Bruxelles) (2) 1. 3-8 (1931). - Ref.C. 1933. I. 2962.

Zur Stärkesirup-Analyse. I. Schulz, A.P. und Steinhoff, G. Z.Spiritusind. 54. 198-99 (1931). - Ref.C. 1931. II. 2075.

Bestimmung der Saccharose und des Invertzuckers in Stärkesirup und Zuckersirup. Kruisher, C.I. Chem.Weekblad. 23. 430-37 (1926). - Ref.C. 1926. II. 2503.

Einige Analysen von Maissirupen des Handels. Lathrop, C.P. J.Assoc. off.agric.Chemists 8. 714-15 (1925). - Ref.C. 1926. I. 1311.

Die Analyse des Stärkezuckersirups auf optischem Wege. Wolff, O. und Ludwig, A. Z.Spiritusind. 46. 145 u. 147 (1923).

Zusammensetzung handelsüblicher Glukose (Syrup). Bryant, A.P. 8. Int.Congr.appl.Chem., Washington and New York, Orig.Commun. 13. 47-56 (1912). - W.Ref. 112.

Die Abbauprodukte der Stärke durch Hydrolyse mittels Salzsäure, ihre Bestimmung in Stärkezuckern und Sirupen, sowie ihr Einfluß auf die technische Verwendbarkeit der letzteren in der Zuckerwarenindustrie. Rössing, A. Chem.-Ztg. 29. 867-73 (1905). - W.Ref. 90.

Beiträge zur Kenntnis des Dextrose- und Lävulosegehaltes des Honigs, des Stärkesirups und Stärkezuckers sowie vergärender Moste, Rohzuckerlösungen und Süßwein. Karsch, W. Dissertation, Jena 1894.

Über die Zusammensetzung des Stärkezuckersirups, des Honigs und über die Verfälschungen des letzteren (Auszug). Sieben, J. Biedermanns Zbl.Agrikulturchem.ration. Landwirtschaftsbetrieb 14. 134-137 (1885). - W.Ref. 58.

Über den Dextringehalt verschiedener Sorten von käuflichen Stärkesyrupen. Anthon, E.F. Dingler's polytechn.J. 219. 437-439 (1876). - W.Ref. 42.

387. Beimengungen, Fremdstoffe

Colorimetrische Bestimmung von Aminostickstoff in Maissirupen. Scallet, B.L. Stärke 15. 50-52 (1963). - Ref.C. 1963. 20213.

Der Nachweis von Schwermetallen im Stärkesirup auf papierchromatographischem Wege. Wegner, H. Stärke 13. 1-4 (1961). - Ref.J. Chem.(russ.) 1961. 15 N356, C. 1962. 13979.

Die quantitative polarographische Bestimmung von Kupfer und Eisen in Stärkesirup. Ardelt, H.W. und Opel, P.H. Z.Lebensmittel-Unters. u. -Forsch. 107. 232-36 (1958). - Ref.J.Chem.(russ.) 1958. 65752, Stärke 10. 119 (1958), C. 1962. 1441.

Die quantitative Bestimmung unerwünschter Nebenbestandteile (Oxymethylfurfurol, Fett, Protein, Kupfer und Eisen) in Stärkesirupen und Stärkezuckern. Lindemann, E. Zucker- u. Süßwaren-Wirtsch. 9. 10, 523-27 (1956). - Ref.C. 1957. 6915.

Schnellmethode zur Bestimmung von Verunreinigungen in Sirup. Crespo, S. und Prouty, W.W. Bakers Digest 28. Nr.2. 40-41 (1954). - Ref.C. 1955. 710.

Apparat, um Sirupe und andere stark schäumende Substanzen für die Aschenbestimmung vorzubereiten. Crespo, S. Analytic.Chem. 24. 921 (1952). - Ref.C. 1953. 1258.

Die Schwermetallsalze im Kartoffelstärkesirup. Bauer, W. Stärke 4. 221-222 (1952). - Ref.C. 1953. 4615.

Bestimmung von Aminostickstoff in Maissirup. Scallet, B.L. Analytic.Chem. 20. 353-55 (1948). - Ref.C. 1948. II. 1242.

Der Stärkenachweis in Stärkesirup. Ekhard, W. Z.Spiritusind. 46. 228 (1923). - Ref.C. 1924. I. 1116.

Bestimmung des Gehaltes an sichtbaren Trockenstoffen im Sirup. Fertmann, G. und Lunina, T. Branntwein-Ind.(russ.) 17. Nr.6. 18-20 (1940). - Ref.C. 1941. I. 977.

Zur Bestimmung der schwefligen Säure der Stärkesirupe. Claassen,O. Chemiker-Ztg. 35. 1065-1066 (1911).

Nachweis von Gelatine in Stärkesirup. Vamvakas, J. Ann.Chem. analyt.appl. 12. 139-40 (1907). - Ref.C. 1907. II. 1706.

Über den Gehalt des Stärkesirups an schwefliger Säure. Kreis, H. Z.öffentl.Chem. 9. 143 (1903). - Ref.C. 1903. I. 1318.

Über den Gehalt des Stärkesirups an schwefliger Säure. Welmans,P. Z.öffentl.Chem. 9. 142-43 (1903). - Ref.C. 1903. I. 1317.

Über den Gehalt des Stärkesirups (Kapillärsirup) sowie des festen Stärkezuckers an schwefliger Säure. Matthes, H. und Müller, F. Z.öffentl.Chem. 9. 103-4 (1903). - Ref.C. 1903. I. 1094.

39. Dextrose (D-Glucose)

390. Allgemeines

(Auch Bücher und Übersichten. Vgl. auch "Chemie der Stärke, Hydrolyse": 65)

Zum Stand der Technik der Glukosegewinnung nach dem Glukoamylase-Verfahren. Schierbaum, F. Lebensmittelind. 13. 223-226, 264-265 (1966).

Eine neue Glucoseanlage. N.B.Love Sugars Pty. Ltd. Food Technol. Australia 17. 293 (1965). - Ref.J.Chem.(russ.) 1966. 2 R368.

Glucosereversion in Abhängigkeit vom Verzuckerungsgrad der Stärkehydrolysate. Sroczyński, A. und Boruch, M. Stärke 16. 215-24 (1964). - Ref.C. 1965. 13-2937, Ref.J.Chem.(russ.) 1965. 10 R360.

Die ökonomische Wirksamkeit eines Austausches von Zucker durch Glucose und Dextrose. Crowhurst, B. Ice Cream Frozen Confect. 15. 578 (1963). - Ref.J.Chem.(russ.) 1965. 1 R231.

Methods in Carbohydrate Chemistry, Vol. I: Analysis and Preparation of Sugars. (Methoden in der Kohlenhydrat-Chemie, Band I: Analyse und Darstellung von Zuckern.) Whistler, R.L. und Wolfrom, M.L. Academic Press Inc., New York 1962. 589 S. - Ref.C.A. 56. 13000g (1962), Stärke 15. 345 (1963).

Die Durchführung der Glucoseindustrie. Tregubow, N.N. Zucker-Ind. (russ.) 36. Nr.4. 58-60 (1962). - Ref.J.Chem.(russ.) 1962. 24 N476.

Die Dextrose. Biochemie, Physiologie, Therapeutische Anwendung. Deutsche Maizena Werke GmbH., Hamburg 1961. 166 S.

Die D-Glucose (Eine zusammenfassende Übersicht über ein wichtiges Kohlenhydrat). Tegge, G. Stärke 11. 322-25, 349-55 (1959). - Ref.C. 1960. 14893, C.A. 54. 14131a (1960).

Stärke - Zucker - Traubenzucker. Block, H. Ernährungs-Umschau 4. 60 (1957).

Die D-Glucose. Tegge, G. Stärke 9. 221-25 (1957).

70er Stärkezucker, ein wenig bekanntes Stärkeverzuckerungsprodukt. Graefe, G. Gordian 57. Nr.1364. 13-18 (1957). - Ref.C. 1958. 5823.

70er Stärkezucker, ein vielseitig verwendbares Erzeugnis der Stärke-Industrie. Graefe, G. Zucker- u. Süßwaren-Wirtsch. 9. 51-54 (1956). - Ref.C. 1957. 5720.

70er Stärkezucker - ein Stiefkind der Stärkeverzuckerung. Graefe,G. Stärke 7. 180-85 (1955). - Ref.C. 1957. 283.

Einige Zuckerarten und ihre Ausgangsstoffe. Paar, W. Z.Volks-ernähr. 15. 204-06 (1940). - Ref.C. 1940. II. 1799.

Dextrosehydrat. Newkirk, W.B. Ind.Engng.Chem., ind.Edit. 31. 18-22 (1939).

Der Stärkezucker. Meyer, Heinrich. Verlag: Chemiker-Zeitung. Köthen.

Stärkezucker. Wolff, O. In Ullmann, F. Enzyklop.d.techn.Chem. 9. 598-606 (1932).

Kolloid-Chemie in der Zuckerindustrie. Balch, R.T. und Paine, H.S. In J.Alexander: Colloid Chemistry, Theoretical and Applied, Vol. IV, S.137-62. Chem.Catalog Co., Inc. New York 1932.

Kartoffelglucose. Williams, A.E. Chem.Trade J. 90. 151-52. 181 (1932). - Ref.C. 1932. I. 2104.

Die Fabrikation des Stärkezuckers. Preuß, E. Leipzig 1925.

Der Stärkezucker. (Chemisch und technologisch behandelt). Wichelhaus, H. Leipzig 1913. Akademische Verlagsgesellschaft. (222 S.) (57 Abbildungen).

Glukose. Definition, Zusammensetzung, Bestimmung etc. 6. Congr. int.Chim.appl.Rom, Atti 7. 631-634 (1907). - W.Ref. 94.

Die Fabrikation von Stärkezucker. Bersch, W. Leipzig 1901. H. Wichelhaus.

Einige Bemerkungen über handelsübliche Glukose. Coupland, H.S. Pharmac.J. 65. 728-729, 762-764 (1900). - W.Ref. 78.

Stärke und Zucker. Sci.American 12. 311 (1865). - W.Ref. 668.

Über Verwendung des Stärkezuckers (Glykose) in der praktischen Chemie (Auszug). Böttger, R. C. 1879. 733. - W.Ref. 2458.

391. Herstellung von Dextrose

3911. Fragen der Herstellung
3912. Patente
3913. Spezielle Maisstärkedextrose
3914. Spezielle andere Dextrosen

3911. Fragen der Herstellung

(Vgl. auch "Kristallisierte Glucose": 393, "Stärke-Hydrolyselösungen": 37, "Stärkesirup": 38, "Enzymatischer Stärkeabbau": 92, "Fermentative Abbauprodukte, Glucose": 933, "Enzymatische technische Stärkehydrolyse": 941)

Über die Säure-Hydrolyse verdünnter Stärkesuspensionen bei der Gewinnung kristalliner Glukose. Ladur, T.A. Zucker-Ind. (russ.) 39. 379-84 (1965). - Ref.J.Chem.(russ.) 1965. 21 R330.

Pilot-Versuche zur Dextroseherstellung. Hansen, V. Stärke 16. 258-63 (1964). - Ref.J.Chem.(russ.) 1965. 24 R342.

Weiterentwicklung der Technologie der Glucoseerzeugung. Bártfay, J., Simonyi, M. und Varga, M. Erjedésipari Kutató Intézet Közleményei (Mitt. Inst.Gär.Ind. 1963. 24-30. - Ref.C. 1965. 33-2933.

Moderne Fabrikationsverfahren in der Glucoseindustrie. Popa, M. Ind.Alimentară-Produse veget. 12. 77-82 (1961). - Ref.C. 1963. 8365, Ref.J.Chem.(russ.) 1961. 24 N319.

Die technologische Erprobung eines dreiteiligen Eindampfapparates der Maschinenfabrik "Komsomoletz". Richter, W.A. Zucker-Ind. (russ.) 35. 65-67 (1961). - Ref.J.Chem.(russ.) 1961. 17 N318.

Über die sogenannte Nachverzuckerung der Stärke. Jørgensen, H. Stärke 13. 75-79 (1961). - Ref.C. 1962. 1058, Ref.J.Chem. (russ.) 1962. 1 N362.

Die Herstellung von Stärkezucker und dessen Farbe. Yoshihiro, Y. und Nakamura, M. Monthly J.Inst.Ind.Sci., Univ.Tokyo 12. 436-40 (1960). - Ref.J.Chem.(russ.) 1961. 22 N258.

Ergebnisse der Wärmeprüfung einer Eindampfungsanlage für Glucose. Shura, Ss.K. Hochschulnachr., Nahrungsmittel-Technol.(russ.) 1959. Nr.3. 104-11. - Ref.Stärke 13. 188 (1961).

Die Automation in der Glukoseindustrie. Krøyer, K.K.K. Stärke 10. 130-34 (1958). - Ref.C. 1959. 15521.

Elektrolytische Herstellung von Zuckern. XIII. Industrialisierung der Erzeugung von Glukose aus Stärke. Mizuguchi, J., Hayashi, G. und Suzuki, S. J.Chem.Soc.Japan, Ind.Chem.Sect. 56. 108-10 (1954). - Ref.C.A. 48. 9092h (1954), Stärke 6. 261 (1954), C. 1956. 1752.

Elektrolytische Darstellung reiner Glucose. Mizuguchi, J. J.technol.Soc.Starch (Japan) 1. Nr.1. 18-23 (1953).

Neue Wege für die Glukose-Industrie. Wijns, J. Stärke 2. 150-53 (1950).

Kontinuierliche Glukoseherstellung. Hönsch, W. Stärke 2. 49-50 (1950).

Säurefester Stahl in der Glucoseindustrie. Conrad, O. Z.Spiritus-Ind. 61. 155 (1938). - Ref.C. 1938. II. 3472.

Entwicklung und Erzeugung von wasserfreier Dextrose. Newkirk,W.B. Ind.Engng.Chem. 28. 872-74 (1936). - Ref.C. 1936. II. 3605.

Die Herstellung reiner Dextrose in der neueren Patentliteratur. Kröner, W. Z.Spiritusind. 59. 165-66 (1936). - Ref.C. 1936. II. 884.

Entwicklung und Erzeugung von wasserfreier Dextrose. Newkirk, W.B. Ind.Engng.Chem. 28. 760-766 (1936). - Ref.C. 1936. II. 3605.

Ein neues Verfahren zur Herstellung von Glucose. Smit, P. Z.Spiritusind. 59. 191 (1936). - Ref.C. 1936. II. 1630.

Ein neues Verfahren zur Herstellung von Glucose. Smit, P. J.Fabrikants Suore 76. 680-84 (1935). - Ref.C. 1936. I. 4371.

Dextrose als Industrieprodukt. Krno, J. Food Ind. 6. 107-09 (1934). - Ref.C. 1934. I. 3669.

Die Glucosefabrikation. Williams, A.E. Engineer 156. 514-17 (1933). - Ref.C. 1934. I. 963.

Untersuchungen über Glucose für Fällbäder. I. Herstellung von Stärkezucker. Kawata, Zentaro. Cellulose Ind. 9. Nr.3. Suppl. 9-11 (1933). - Ref.C. 1933. I. 3823.

Handelsübliche Herstellung von Glucose. Williams, A.E. Ind.Chemist chem.Manufacturer 6. 495-99 (1930). - Ref.C. 1931. I.1028.

Die Glucose und ihre industrielle Herstellung durch Verzuckerung der Stärke mit Säuren und Enzymen. Mezzadroli, G. und Nardella, A. Zymologica Chim.Colloidi 2. 49-62. 73-89 (1927). - Ref.C. 1927. II. 1764.

Versuche mit Glucose und Lävulose. Bates, F. Ver.Dtsch.Zuckerind. 1926. 316-21. - Ref.C. 1926. II. 2023.

Herstellung chemisch reiner Dextrose aus den handelsüblichen Produkten. Bauer, H.F. 8.Int.Congr.appl.Chem., Washington and New York, Orig.Commun. 13. 21-23 (1912). - W.Ref. 111.

Herstellung von Glukose (Auszug). Stein. J.Soc.chem.Ind. 19. 548 (1900). - W.Ref. 79.

Einige Mitteilungen betreffend die Kartoffelmehl- und Traubenzuckerfabrikation. Hülsmann, J.H.H. Maandbl.natuurw. 21. 27-33 (1897). - Ref.C. 1897. II. 74.

Direkte Verzuckerung der Stärke aus Pflanzenzellen durch Säuren; Extraktion der gebildeten Glucose durch Diffusion. Bondonneau, L. und Foret. C.R. hebd.Séances Acad.Sci. 105. 617-619 (1887). - W.Ref. 61, C. 1887. 1395.

Reform und Zukunft der Stärkezuckerfabrikation. Soxhlet, F. Z.Spiritusind. 7. 195-201 (1884). - W.Ref. 56.

3912. Patente

Hochkonzentrierte Dextrose-Lösungen. Corn Products Co. (Erfinder: Bond, R.W.). A.P. 3 100 740 ausg.13/8.1963. - Ref.C.A.(M.) 59. 14186e (1963), Ref.J.Chem.(russ.) 1965. 9 R336, Stärke 17. 360 (1965), C. 1966. 6-3046.

Verfahren zur Herstellung von konzentrierten Dextroselösungen. Corn Products Co. F.P. 1 364 484 vom 25/7.1963., ausg.11/5. 1964. - Ref.J.Chem.(russ.) 1965. 22 R 335.

Herstellung von Dextropur. Börner, O., Schultze, M. und Theuerkauf, H.-D. D.P. (DDR) 32 008 Kl. 89i vom 29/11.1962., ausg.25/9. 1964. (Wirtschaftspatent). - Ref.C. 1965. 30-2967, Ref.J.Chem. (russ.) 1965. 18 R314.

Herstellung von Dextroselösungen. Corn Products Co. (Erfinder: Bond, R.W.). D.A.S. 1 184 289 Kl. 891 vom 14/7.1962., ausg. 23/12.1964. A.Prior. 17/7.1961. - Ref.C. 1965. 35-2902.

Verfahren zur Gewinnung von pulverförmiger Glucose. Kiriesi, R. Japan.P. 13 044 ('63) vom 24/5.1961., ausg.23/7.1963. - Ref.J.Chem.(russ.) 1965. 22 R336.

Herstellung von kristalliner Glucose. A.E.Staley Mfg.Co. E.P. 930 032 vom 17/2.1961., ausg.3/7.1963. A.Prior.25/2.1960. - Ref.C. 1966. 5-3094.

Die Gewinnung von Glucose und hochzuckerhaltigem Sirup.Williams, C.T. und Reece, M.C. Confect.Product. 27. 731, 733, 735, 749 (1961). - Ref.J.Chem.(russ.) 1962. 3 N308.

Die Gewinnung von Glucose. Komaki, T. und Matsuba, Y. Japan.P. 8 037 ('61') ausg.19/6.1961. - Ref.J.Chem.(russ.) 1963. 1 R310.

Gewinnungsprozeß eines Zuckerprodukts, bestehend hauptsächlich aus Dextrose, von teilweise zerstörtem Zustande. Midsugaki, C. und Ssiraissi, A. Japan.P. 23 695 (61') ausg.14/12.1961. - Ref.J.Chem.(russ.) 1963. 1 R309.

Glucose. Takeda Pharmaceutical Industries (Erfinder: Yokoo, T. und Nakamura, N.). Japan.P. 17 877 ('60) ausg.7/12.1960. - Ref.C.A. 55. 20470d (1961), Ref.J.Chem.(russ.) 1965. 19 R298.

Süßmittel. Takeda Pharmaceutical Industries Ltd. (Erfinder: Kamada, M. und Yasumatsu, K.). Japan.P. 9 989 ('59) vom 11/11.1959. - Ref.C.A. 54. 9154b (1960).

Süßmittel. Takeda Pharmaceutical Industries Ltd. (Erfinder: Kamada, M. und Yasumatsu, K.). Japan.P. 9 988 ('59) vom 11/11.1959. - Ref.C.A. 54. 9154b (1960).

Technische Glucose. Zaklady Przemyslu Ziemniaczanego "Luboń", übert.von: Baranowski, K. und Otworowski, M. Poln.P. 42 076 ausg.29/8.1959. - Ref.C.A. 54. 14738e (1960), Ref.J.Chem. (russ.) 1960. 90308.

Herstellung von Glucose aus Stärke. Ueki, S. Japan.P. 1 532 ('59) ausg.20/3.1959. - Ref.C.A. 53. 19422a (1959), Ref.J.Chem.(russ.) 1961. Nr.5 N327.

Herstellung von Dextrose. Corn Products Refining Co. (Erfinder: Kerr, R.W.). F.P. 1 203 645 vom 20/3.1958., ausg.20/1.1960. A.Prior. 30/12.1957., id.mit Belg.P. 565 883. - Ref.C. 1965. 51-2886.

Ein Verfahren zur Herstellung von Glucose mit Hilfe von Harzen mit starken sauren Eigenschaften als Katalysator. Yanada, T. und Sato, I. Japan.P. 6636 ('58) ausg.15/8.1958. - Ref.J.Chem.(russ.) 1964. 7 R421.

Stabilisiertes Dextrosegemisch. Corn Products Refining Co. (Wilson, A.L. und Frankel, I.). A.P. 2 854 359 vom 30/9.1958. - Ref.J.Chem.(russ.) 1960. Nr.15317, C.A. 53. 1798c (1959), C. 1960. 6351.

Gepulverte, verzuckerte Stärke. Saito, N. Japan.P. 7 670 ('58) vom 30/8.1958. - Ref.C.A. 54. 4011c (1960), Ref.J.Chem.(russ.) 1964. 13 R385.

Herstellung von Dextrose. A.E. Staley Mfg. Co. Belg.P. 563 320 vom 18/12.1957., ausg.17/6.1960. A.Prior. 11/3.1957., id.mit Belg.P. 563 320. - Ref.C. 1961. 14126.

Herstellung von Dextrose. A.E. Staley Mfg. Co. E.P. 837 039 vom 20/8.1957., ausg.9/6.1960. A.Prior. 11/3.1957. - Ref.C. 1961. 14126, C.A. 57. 8790d (1962).

Gewinnung von Glucose. Auer, H. Mühlenwerke Komm.-Ges.a.Akt. D.A.S. 1 000 300 Kl. 891 vom 27/7.1954, veröff.3/1.1957. - Ref.C. 1957. 7512, Stärke 9. 211 (1957), C.A. 53. 18524f (1959).

Herstellung von Dextrose. Standard Brands Inc., übert.von: Rohwer, R.G., Cadotte, J.E. und Reter, H. A.P. 2 901 382 vom 27/8.1954, ausg.25/8.1959. - Ref.C. 1960. 14544.

Glukose. Soc.Anon.Holding Luxembourgoise "Inventa". E.P.711 803 vom 14/7.1954. - Ref.Stärke 7. 10 (1955), C.A. 49. 13521 (1955), C. 1955. 3507.

Dextrose. Newkirk, Wm.B., übert.an: Corn Products Refining Co. A.P. 2 680 082 vom 1/6.1954. - Ref.C.A. 48. 9731b (1954), Stärke 6. 260 (1954), C. 1955. 4723.

Feste Glukose. Glucosa y Derivados, S.A. Span.P. 206 904 vom 15/1.1953. - Ref.C.A. 48. 11099c (1954), Stärke 6. 283 (1954).

Herstellung von Stärkezucker. Thies, H. Deutsch.Bienenwirtsch. 3. 241 (1952). - Ref.C.A. 49. 1352d (1955).

Glukose. Council of Scientific and Industrial Research. Ind.P. 45 138 vom 27/12.1952. - Ref.C.A. 47. 3594e (1953), Stärke 5. 163 (1953).

Gewinnung von Glucose durch stufenweises Hydrolysieren der Stärke. Scholten's Aardappelmeelfabrieken, W.A. Holl.P. 67 942 vom 15/6.1951. - Ref.C.A. 46. 7804d (1952).

Verfahren zur Herstellung von Dextrose mit hoher Ausbeute. Cleland, James E. und Meyer, Alvin Le Roy, übert.an: Union Starch & Refining Co. A.P. 2 571 541 vom 16/10.1951. - Ref.Stärke 4. 59 (1952).

Dextrose. Wallerstein, Co., übert.von: Irwin Stone. A.P.2 717 852 vom 18/8.1949, ausg.13/9.1955. - Ref.C. 1956. 10613, C.A. 50. 592d (1956).

Erhöhung der Glucoseausbeute bei der Stärkehydrolyse. Scholten's Aardappelmeelfabrieken (Erfinder: F.L.P. Krizkovsky u. A. Huneman). D.B.P. 860 330 Kl. 891 vom 31/12.1948, ausg.18/12.1952. Holl.Prior. 8/6.1942. - Ref.C. 1953. 4456.

Glucoseprodukte durch stufenweise Hydrolyse von Stärke. N.V.W.A. Scholten's Aardappelmeelfabrieken (Erfinder: F.L.P.Krigkooski u.A.Hunemann).D.B.P. 816 530 Kl. 891 vom 31/12.1948, ausg.11/10. 1951. Holl.Prior. 8/6.1942. - Ref.C. 1952. 1255.

Herstellung von Dextrose. American Maize-Products Co., übert.von: J.F. Walsh u. J.Dudicker. F.P. 965 194 vom 5/2.1948, ausg. 5/9.1950. A.Prior. 25/9.1940. - Ref.C. 1951. I. 1393.

Dextrosegewinnung. Wallerstein Co., übert.von: L. Wallerstein u. P.P. Gray. A.P. 2 583 451 vom 12/4.1948, ausg.22/1.1952. - Ref.C. 1953. 4456, C.A. 46. 3782h (1952).

Verfahren zur Herstellung von Glukosehydrat aus wässerigen Glukoselösungen, insbesondere Stärkehydrolysaten und Holzzuckerlösungen. Scholler, H. Schweiz.P. 244 038 vom 17/2.1947. Dtsch.Prior. vom 21/5.1942. - Ref.Stärke 1950. II. 166, C. 1949. E 3055.

Dextrose aus Dextrosepolymeren. Corn Products Refining Co. Schwz.P. 279 902 vom 19/6.1947, ausg.1/4.1952. A.Prior.24/3. 1941. - Ref.C. 1953. 3652.

Glucose durch Umwandlung von Stärke in wässerigem Säuremedium. Meijers Dextrinefabrieken, O.J. N.V. (Erfinder: Meijer, H.W.). E.P. 608 146 vom 12/12.1945, ausg.10/9.1948. - Ref.C.A. 43. 2006 (1949), Stärke 2. 305 (1950).

Verfahren zur Herstellung von Dextrose hoher Reinheit. Glukoseria Réunion Soc. E.P. 607 124 vom 5/5.1945. - Ref.Stärke 1950. II. 165.

Gewinnung von Dextrose aus Stärke. Union Starch & Refining Co., übert.von: W.R. Fetzer. Can.P. 499 404 vom 28/4.1945, ausg. 19/1.1954. - Ref.C. 1950/54. 611 S.

Umwandlung von Stärke in Glucose. Mayer's Dextrinfabriken, N.V. O.J. Holl.P. 56 315, ausg.15/5.1944. - Ref.C. 1946. I. 562.

Traubenzuckerherstellung. Flanzy, M.P.P. F.P. 987 907 vom 15/3. 1943, ausg.21/8.1951. - Ref.C. 1950/54. 5042 S.

Gewinnung von Glucosehydrat aus wässerigen Glucoselösungen, besonders aus Stärkehydrolysaten und Holzzuckersirupen. Scholler, H. F.P. 894 791 vom 18/5.1943, ausg.5/1.1945. D.Prior. 21/5.1942. - Ref.C. 1946. I. 1333, Stärke 2. 166 (1950).

Verfahren zur Herstellung von Glucosehydrat aus wäßrigen Glucoselösungen. Scholler, H. D.R.P. 758 799 Kl. 891 vom 22/5.1942, ausg.1/3.1954.

Umwandlung von Dextrosepolymeren. Corn Products Refining Co. F.P. 889 818 vom 15/7.1941, ausg.20/1.1944. A.Prior.15/7.1940. - Ref.C. 1945. II. 83.

Gewinnung von Traubenzucker (Dextrose). Corn Products Refining Co. E.P. 883 837 vom 20/3.1941, ausg.20/7.1943. A.Prior. 20/3.1940. - Ref.C. 1944. II. 176.

Gewinnung von Dextrose. Corn Products Refining Co., übert.von: Cantor, S.M. A.P. 2 328 191 vom 20/3.1940, ausg.31/8.1943. - Ref.C. 1945. II. 309.

Glukose. Corn Products Co. (Erfinder: Wascher, H.G.). E.P. 536 020 vom 23/10.1939.

Nichthygroskopischer Stärkezucker. American Maize-Products Co., übert.von: Walsh, J.F., Tucagoe, N.Y. u. Goodman, A.H. A.P. 2 231 835 vom 9/9.1939, ausg.11/12.1941. - Ref.C. 1941. II. 1219.

Gewinnung von Traubenzucker aus Stärke. Corn Products Refining Co., Pollak, J.E. E.P. 536 681 vom 8/9.1939, ausg.19/6.1941. - Ref.C. 1944. I. 64.

Herstellung von Traubenzucker und Traubenzuckersirup aus Stärke. Octrooien Maatschappij, N.V., "Activist". F.P. 832 592 vom 24/1.1938, ausg.29/9.1938. Holl.Prior. 27/1.1937. - Ref.C. 1939. I. 827.

Gewinnung von Traubenzucker aus Stärke. Corn Products Refining Co., übert.von: Canto, Sidney Mark. A.P. 2 203 325 vom 25/11.1938, ausg.4/6.1940. - Ref.C. 1941. I. 134.

Gewinnung von Glucose. Corn Products Refining Co., übert.von: C.J. Copland. A.P. 2 203 324 vom 19./5.1938, ausg.4/6.1940. - Ref.C. 1941. I. 133.

Nichtbittere Stärkezuckerprodukte. American Maize-Products Co., übert.von: Walsh, J.F., S.M. Kinzinger u. A.H. Goodman. A.P. 2 192 213 vom 27/7.1938, ausg.5/3.1940. - Ref.C. 1942. I. 940.

Gewinnung von Traubenzucker aus verunreinigten Lösungen. Clinton Co., übert.von: R.C. Wagner u. P.L. Stern. A.P. 2 175 369 vom 31/3.1937, ausg.10/10.1939. - Ref.C. 1940. I. 2081.

Gewinnung von wasserfreiem Traubenzucker. International Patents Development Co. F.P. 824 599 vom 21/7.1937, ausg.11/2.1938. A.Prior. 31/7. u. 23/11.1936. - Ref.C. 1938. II. 200.

Herstellung von Dextrose aus Stärke. International Patents Development Co. (Erfinder: C.Ebert u. W.B. Newkirk). D.R.P.668 795 Kl. 89i vom 13/2.1937, ausg.9/12.1938. - Ref.C. 1939. I. 2317.

Gewinnung von Traubenzucker in hochgereinigter Form. Marakas, J.G. F.P. 807 647 vom 6/6.1936, ausg.16/1.1937. Griech.Prior. 22/6., 4/7.1935 u. 20/5.1936. - Ref.C. 1937. I. 3727.

Gewinnung von Zucker aus Stärke. Caucheteux, P. und Alpenikoff, N. F.P. 826 918 vom 31/12.1936, ausg.13/4.1938. - Ref.C. 1938. II. 2197.

Traubenzucker. Staley, A.E., Mfg. Co., übert.von: J.K. Dale. A.P. 2 100 433 vom 4/10.1935, ausg.30/11.1937. - Ref.C. 1938. I. 2455.

Schnell hydratisierbare wasserfreie Dextrose. International Development Co., übert.von: T.A. Bruce. A.P. 2 058 852 vom 23/12. 1935, ausg.27/10.1936. - Ref.C. 1937. I. 1041.

Dextrose. Staley, Mfg. Co., übert.von: J.K. Dale. A.P.2 091 433 vom 12/4.1935, ausg.31/8.1937. - Ref.C. 1937. II. 4122.

Gewinnung von Traubenzucker. Clinton Co., übert.von: R.C. Wagner und P.L. Stern. A.P. 2 150 197 vom 13/5.1935, ausg.14/3.1939. - Ref.C. 1939. II. 544.

Gewinnung von Traubenzucker. Clinton Co., übert.von: T.H. Barnard und P.L. Stern. A.P. 2 150 146 vom 20/10.1934, ausg.14/3.1939. - Ref.C. 1939. II. 544.

Gewinnung von reinem Traubenzucker. Corn Products Refining Co., übert.von: W.B. Newkirk. A.P. 2 129 864 vom 4/6.1934, ausg. 13/9.1938. - Ref.C. 1939. I. 1270.

Verfahren zur Herstellung von Hydratdextrose. International Patents Development Co. D.R.P. 573 398 Kl. 89i vom 18/11.1930, ausg.31/3.1933. A.Prior. 26/11.1929.

Gewinnung von Stärkezucker (Dextrose). Rach, C. A.P. 1 825 603 vom 17/3.1930, ausg.29/9.1931. - Ref.C. 1931. II. 3558.

Apparatur zur Gewinnung von Glucose aus Stärke. International Patents Development Co., übert.von: C.Hagen. E.P.310 924 vom 11/3.1929, Auszug veröff.26/6.1929. Prior.3/5.1928. - Ref.C. 1929. II. 2370.

Gewinnung von wasserfreier Dextrose. International Patents Development Co., übert.von: W.B. Newkirk. A.P. 1 890 913 vom 14/11. 1929, ausg.13/12.1932. - Ref.C. 1933. I. 1861.

Gewinnung von Glucose. International Patents Development Co., übert.von: W.B. Newkirk. Belg.P. 352 788 vom 12/7.1926, ausg. 31/8.1928. A.Prior. 23/10.1923. - Ref.C. 1931. I. 538.

Verfahren zur Erhöhung des Dextrosegehaltes des Ablaufs von Dextrosefüllmassen. International Patents Development Co. D.R.P. 567 065 Kl. 891 vom 16/10.1928, ausg.27/12.1932. Zus. zu E.P. 303 142. - Ref.C. 1929. II. 359.

Gewinnung von Dextrose aus Stärke. International Patents Development Co., übert.von: C. Erbert, W.B. Newkirk und M. Moskowitz. E.P. 303 142 vom 1/10.1928, Auszug veröff. 20/2.1929. Prior. 30/12.1927. - Ref.C. 1929. II. 359.

Herstellung von Glucose aus Stärke. International Patents Development Co., übert.von: C. Hagen. A.P. 1 928 891 vom 3/5.1928, ausg.3/10.1933. - Ref. C. 1934. I. 1404.

Herstellung von gereinigter Dextrose. International Patents Development Co., übert.von: W.B. Newkirk. A.P. 1 693 118 vom 10/2.1927, ausg.27/11.1928. - Ref.C. 1931. I. 3525.

Gewinnung von Glucose durch Hydrolyse von Stärke. Corn Products Refining Co. E.P. 295 830 vom 15/8.1927, ausg.13/9.1928. - Ref.C. 1929. I. 299.

Gewinnung von Dextrose aus Stärke. Corn Products Refining Co. E.P. 291 991 vom 19/8.1927, ausg.12/7.1928. - Ref.C. 1929. I. 158.

Gewinnung von Dextrose aus Stärke. Corn Products Refining Co. E.P. 290 847 vom 15/6.1927, ausg. 21/6.1928. - Ref.C. 1928. II. 2081.

Gewinnung von Dextrose aus Stärke. Corn Products Refining Co. F.P. 638 956 u. 638 957 vom 4/8.1927, ausg.8/6.1928. - Ref.C. 1928. II. 1265.

Gewinnung von Dextrose aus Stärke. International Patents Development Co., übert.von: C.Ebert, W.B. Newkirk, M. Moskowitz. A.P. 668 308 vom 29/4.1927, ausg.1/5.1928. - Ref.C. 1928. II. 290.

Gewinnung von Dextrose aus Stärke. Corn Products Refining Co. F.P. 634 927 vom 24/5.1927, ausg.2/3.1928. - Ref.C. 1928. II. 290.

Erhöhung des Dextrosegehaltes von durch Säurehydrolyse aus Stärke erzeugten Dextroselösungen. Corn Products Refining Co. D.R.P. 531 472 Kl. 891 vom 17/6.1927, ausg. 10/8.1931.

Gewinnung von Glucose aus Stärke. International Patents Development Co., übert.von: C. Ebert, W.B. Newkirk und M.Moskowitz. A.P. 1 876 883 vom 1/4.1927, ausg.13/9.1932. - Ref.C. 1932. II. 3492.

Glucoseherstellung. Corn Products Refining Co., übert.von: W.B. Newkirk. E.P. 232 938 vom 30/3.1925, Auszug veröff. 17/6.1925. Prior. 25/4.1924. - Ref.C. 1925. II. 2107.

Verfahren zur Herstellung von Dextrose. Corn Products Refining Co. D.R.P. 537 827 Kl. 891 vom 1/9.1925, ausg.7/11.1931.

Herstellung von Dextrose. Corn Products Refining Co. D.R.P.502 316 Kl. 89i vom 1/9.1925, ausg.24/7.1930. A.Prior. 17/1.1925. - Ref.C. 1930. II. 2071.

Verfahren zur Gewinnung von wasserhaltiger und wasserfreier Dextrose aus konvertierter Stärkelösung. Corn Products Refining Co. D.R.P. 468 751 Kl. 89i vom 16/9.1924, ausg.24/11.1928.

Gewinnung von reiner Dextrose aus Stärke. International Patents Development Co., übert.von: W.B. Newkirk. A.P. 1 658 998 vom 6/8.1924, ausg.14/2.1928. - Ref.C. 1928. I. 1916.

Grobkörnige Dextrose aus Stärke. International Patents Development Co., übert.von: W.B. Newkirk. A.P. 1 640 717 vom 10/9. 1924, ausg.30/8.1927. - Ref.C. 1928. I. 427.

Dextrose. Corn Products Refining Co. F.P. 586 932 vom 29/1.1924, ausg.6/4.1925. A.Prior. 11/4.1924. - Ref.C. 1925. II. 695.

Verfahren zur Erzeugung wasserfreier Dextrose. Corn Products Refining Co. D.R.P. 513 570 Kl. 89i vom 22/7.1923, ausg.29/11. 1930. A.Prior. 16/11.1922.

Traubenzucker. Penick & Ford, Ltd., Inc., übert.von: A.W.H. Lenders u. M. Widmer. A.P. 1 556 854 vom 23/5.1923, ausg.13/10. 1925. - Ref.C. 1926. I. 1064.

Gewinnung von Dextrose aus Stärke. International Patents Development Co., übert.von: W.B. Newkirk. A.P. 1 521 829 vom 21/9. 1923, ausg.6/1.1925. - Ref.C. 1928. II. 711.

Herstellung von Glukose. Duryea, C.B. A.P. 916 684 vom 20/3.1907, ausg.30/3.1909.

Verfahren und Vorrichtung zur Herstellung von gepreßtem Stärkezucker von mindestens 98 Prozent Glucosehydrat. Cereal Sugar & Co. D.R.P. 141 589 Kl. 89i vom 25/6.1901, ausg.3/7.1903.

Verfahren zur Überführung von Stärke, stärkehaltigem und stärkeähnlichem Material in Zucker (Dextrose). Classen, A. D.R.P. 118 541 Kl. 89i vom 21/11.1899, ausg.6/3.1901. - Ref.C. 1901. I. 715.

Verfahren zur Darstellung von Stärkezucker aus Stärke mittels Flußsäure. Malinsky, F. D.R.P. 103 592 vom 16/12.1897, ausg. 10/5.1899. - Ref.C. 1899. II. 892.

Verfahren zur Herstellung kristallisationsfähiger Glucoselösungen aus Kartoffeln ohne vorheriges Ausziehen des Stärkemehles. Bondonneau, V. D.R.P. 84 398 Kl. 89i vom 10/3.1894, ausg. 6/12.1895.

Verfahren zur Herstellung von Zucker aus Stärkelösungen. Export- und Lagerhaus-Gesellschaft (vorm. J.F. Nagel). D.R.P. 86 830 Kl. 89i vom 28/1.1894, ausg.6/5.1896.

Verfahren zur Beseitigung der Salpetersäure aus Traubenzuckerlösungen. Seyberlich, A. und Trampedach, A. D.R.P. 39 573 Kl. 89i vom 9/11.1886, ausg.16/5.1887.

Verfahren zur Herstellung von krystallisirtem, wasserfreiem Traubenzucker mittelst Salpetersäure. Seyberlich, A. und Trampedach, A. D.R.P. 37 236 Kl. 89i vom 7/3.1885, ausg.20/9.1886.

Verfahren zur Darstellung von Stärkezuckerhydrat. Virneisel, L. D.R.P. 21 749 Kl. 89i vom 16/8.1882, ausg.28/3.1883.

Verfahren zur Darstellung von Stärkezucker. Fox,E. A.P. 257 930. 1882.

Verfahren und Apparat zur Fabrikation von Stärke, Glucose und hartem Traubenzucker. Jebb, W.Th. D.R.P. 17 815 Kl. 891 vom 24/3.1881, ausg. 25/4.1882.

3913. Spezielle Maisstärkedextrose

Über die Darstellung kristalliner Glucose aus Maismehl. Obuchowski, E.A. und Malyschew, A.A. Zucker-Ind.(russ.) 34. Nr.11. 67-71 (1960). - Ref.J.Chem.(russ.) 1961. 14 N395, Stärke 13. 421 (1961), C.A. 56. 1655g (1962), C. 1962. 15400.

Herstellung von Dextrose aus Maisstärke. Prasarthong O-sort, P. J.Pharm.Assoc.Thailand 6. Nr.1 (1953). - Ref.C.A. 49. 43131 (1955).

Dextrose aus Maisstärke. Rogge, R.H. Ind.Engng.Chem. 41. 2070-71 (1949). - Ref.C. 1950. II. 1293.

Herstellung von Dextrose durch Hydrolyse von Maisstärke. Corn Products Refining Co. F.P. 52 323 vom 20/9.1941, ausg.1/2.1944. Zusatz zu F.P. 883 837; C. 1944. II. 176. A.Prior. 24/3.1941. - Ref.C. 1946. I. 2163.

Herstellung eines trockenen, nichthygroskopischen Traubenzuckerproduktes. American Maize-Products Co., übert.von: O.Wolff. A.P. 2 192 952 vom 22/3.1938, ausg.12/3.1940. D.Prior.14/1.1931. - Ref.C. 1942. I. 118.

Herstellung eines trockenen nichthygroskopischen Traubenzuckerproduktes. American Maize-Products Co., übert.von: O. Wolff. A.P. 2 192 951 vom 19/3.1938, ausg.12/3.1940. D.Prior.14/1.1931. - Ref.C. 1942. I. 118.

Traubenzucker aus Maisstärke. American Maize-Products Co., übert. von: R.E. Daly u. J.F. Walsh. A.P. 2 137 973 vom 4/8.1937, ausg. 22/11.1938. - Ref.C. 1939. I. 1463.

Raffinierte Glucose (Maiszucker). Rall, S.F. u. Ssemenowa, T.W. J.Zuckerind.(russ.) 5. 280-301. - Ref.C. 1932. II. 2750.

Die Herstellung von chemisch reiner Dextrose. Porst, C.E.G. und Mumford, N. V.S. J.Ind.Engng.Chem. 14. 217-219 (1922). - Ref.C. 1922. I. 1104.

Die Fabrikation von Maiszucker. Dale, J.K. Chem.Age 31. 295-296 (1923). - W.Ref. 136.

Verwendung von Schwefel- und Salzsäure bei der Herstellung von Maisglucose. Z.Spiritusind. 45. 63 (1922).

Herstellung von Zucker aus Maisstärke. Penick & Ford, Ltd. Inc., übert.von: A.W.H. Lenders und P.W. Allen. A.P. 1 417 467 vom 18/11.1918, ausg.23/5.1922. - Ref.C. 1924. I. 2908.

Über die Herstellung von Stärkezucker aus Maisstärke. Parow, E. Z.Spiritusind. 44. 177, 187-188 (1921). - Ref.C. 1921. IV. 752.

Die Herstellung von Stärkezucker aus Mais (Auszug). Weizsacker, A. Wagner's Jber.chem.Technol. 36. 822-823 (1890). - W.Ref. 64.

3914. Spezielle andere Dextrosen.

Vorbedingungen bei der Herstellung von Glucose aus Weizenstärke. Hönsch, W.M. Stärke 9. 45-47 (1957). - Ref.C. 1958. 6411.

Glukose aus Weizenstärke. Hartig, H.P. Stärke 8. 140-43 (1956). - Ref.C. 1957. 12912, C.A. 51. 3165b (1957).

Die Herstellung von Glukose und süßen Sirupen aus Tapiokastärke. Desikacher, H.S.R., Bhatia, D.S. und Rao, Y.K.R. Bull.centr. Food technol.Res.Inst.Mysore 2. 319 (1954). - Ref.Stärke 6. 198 (1954).

Darstellung von Glucose und süßen Sirupen aus Tapiokastärke. Desikachar, H.S.R., Bhatia, D.S. und Rao, Y.K.R. Bull.centr. Food technol.Res.Inst. Mysore 2. 180-81 (1953). - Ref.C. 1954. 11563.

Glucose aus Reisstärke. Caucheteux, P. und Alpenikoff, N. F.P. 815 056 vom 15/12.1936, ausg.5/7.1937. - Ref.C. 1938. I. 754.

Gewinnung von Glucose aus Johannisbrotbaumfrüchten und dgl. Antich y Salom, J. und Blanes y Boysen, F. It.P. 350 081 vom 27/12.1935. Span.Prior. 7/2.1935. - Ref.C. 1939. II. 1983.

Gewinnung von Zucker aus Weizenstärke. Cammen, L. Aust.P. 4 300/ 1931 vom 1/10.1931, ausg.26/1.1933. - Ref.C. 1933. I. 3508.

Glucose aus der Maniokpflanze. Williams, A.E. Chem.Trade J.chem. Engr. 93. 133-34 (1933). - Ref.C. 1933. II. 2759.

Die Herstellung der Glucose aus der Manihotwurzel. Williams, A.E. Ind.Chemist.chem.Manufacturer 7. 375-77 (1932). - Ref.C. 1932. I. 1013.

Verzuckerung von geschältem Reis mittels Säuren. Komuro,Toshimitsu. J.Soc.chem.Ind., Japan Suppl. 34. 166-67 (1931). - Ref.C. 1931. II. 1070.

Stärkezucker aus Kakteen. Brittingham, W. A.P. 266 268. 1882.

Stärkezucker aus Getreide. Bartol, H. A.P. 264 622. 1882.

Stärkezucker aus Getreide. Duff, J. A.P. 260 853. 1882.

Verfahren und Vorrichtungen zur Darstellung von Glucose aus Getreide. Johnson, S.H. D.R.P. 1 346 Kl. 891 vom 3/8.1877.

392. Reinigung

3921. Verschiedenes
3922. Ionenaustauscher

3921. Verschiedenes

Qualitätsverbesserungen des "Total Sugar" durch ein neues Verfahren. Komai, Y. Stärke 17. 346-50 (1965).

Neue natürliche Flockungsmittel in der Zuckerindustrie. Osvald,R. und Vlckova, H. Listy Cukrovarnické 81. 192-99 (1965). - Ref.C.A. 63. 18436a (1965).

Die Extraktion von Glucose aus dem Filtrationsrückstand. Mătase,G. Ind.aliment. 15. 300-02 (1964). - Ref.J.Chem.(russ.) 1965. 11 R354.

Die Raffinierung von Glucose. Ueki, Ss. Japan.P. 2 829 ('59) ausg. 22/4.1959. - Ref.J.Chem.(russ.) 1961. 20 N233.

Ein Verfahren zur Reinigung von Glucose. Fudzichara, Io. und Suga, M. Japan.P. 332 (61') vom 30/4.1958., ausg. 24/1.1961. - Ref.J.Chem.(russ.) 1965. 4 R327.

Adsorptionsmittel für Zuckerraffination. Baugh Chemical Co. (Erfinder: Barrett, E.P.). A.P. 3 021 287 vom 8/5.1958., ausg. 13/2.1962.

Die Anwendung von Aktivkohle in der Glucoseindustrie. Visscher, M.J. Stärke 10. 187-94 (1958). - Ref.C. 1959. 15207.

Einsatz von keramischen und Metallstabfilterkerzen in der Glukoseindustrie. Nowak, W. Stärke 4. 159-61 (1952). - Ref.C. 1953. 4615.

Reinigen von Glucose. Soc.An.Holding Luxembourgoise "Inventa". It.P. 500 554 vom 30/6.1951. Belg.Prior. 30/6.1950., id.mit F.P. 1 046 623. - Ref.C. 1960. 7367.

Reinigung von Dextrose. Corn Products Refining Co. Schwz.P.273 383 vom 19/5.1947, ausg.1/5.1951. A.Prior. 21/10.1938. - Ref.C.1952. 304.

Herstellung von gereinigten Traubenzuckerlösungen. N.V. Octrooien Mij. "Activit". Belg.P. 444 223 vom 21/1.1942, Auszug veröff. 10/12.1942. - Ref.C. 1943. II. 873.

Reinigung von Dextrose. Corn Products Refining Co., übert.von: H. Meisel. Can.P. 392 758 vom 3/7.1939, ausg.26/11.1940. A.Prior. 21/10.1938. - Ref.C. 1941. II. 955.

Reinigen von Dextroselösungen der Stärkeverzuckerung. Corn Products Refining Co. F.P. 851 776 vom 19/10.1938, ausg.15/1.1940. A.Prior. 21/3.1938. - Ref.C. 1941. I. 2189.

Reinigen von aus Stärke gewonnener Traubenzuckerlösung. International Patents Development Co. E.P. 471 845 vom 12/2.1937, ausg.7/10.1937. - Ref.C. 1938. I. 203.

Reinigung von Flüssigkeiten. Octrooien Mij., N.V. "Activit". Ind.P. 21 973 vom 28/6.1935, ausg.7/12.1935. E.Prior.18/5.1935. - Ref.C. 1936. I. 3729.

Reinigen von Stärkezuckerlösungen. International Patents Development Co., übert.von: C. Ebert, L. und W.B. Newkirk. A.P. 2 099 389 vom 11/4.1935, ausg.16/11.1937. - Ref.C. 1938. I. 1681.

Reinigung von Glucose. Wolinkin, N.I. Russ.P. 48 291 vom 1/11. 1935, ausg.31/8.1936. - Ref.C. 1937. II. 288.

Vorrichtung zum Reinigen von Kristallmassen, insbesondere Dextrosekristallen. International Patents Development Co. D.R.P. 555 221 Kl. 89i vom 19/9.1929, ausg.21/7.1932.

Reinigen von aus Stärke gewonnener Dextroselösung. International Patents Development Co., übert.von: C. Ebert, W.B. Newkirk und M. Moskowitz. Can.P. 289 483 vom 25/7.1927, ausg.7/5.1929. - Ref.C. 1932. I. 2105.

Verfahren und Apparatur zum Reinigen von Dextroselösungen. Corn Products Refining Co. F.P. 638 958 vom 4/8.1927, ausg.8/6.1928. - Ref.C. 1928. II. 1397.

Raffinierter Stärkezucker. J.Fabricants.sucre 67. Nr. 35 (1926).

Fabrikation und Gebrauch raffinierter Dextrose. Newkirk, W.B. J.Ind.Engng.Chem. 16. 1173-1175 (1924). - W.Ref. 137A.

Die Herstellung wasserfreier, kristalliner Dextrose. Chem.Age 31. 489-491 (1923). - W.Ref. 135, C.A. 18. 1061 (1924).

Verfahren zur Behandlung von Glukose. Hughes, H. A.P. 916 558 vom 20/3.1905, ausg.30/3.1909.

Verfahren zur Reinigung von Stärkezucker (Auszug). Hamburger, S. Bull.Assoc.Chimistes Sucr., Distill.France Colonies 14. 758 (1896/97).

Verfahren zum Entfärben von krystallisirtem, wasserfreiem Traubenzucker. Korvin-Sakovicz, Th.v. und Rosenblum, D. D.R.P.24 181 Kl. 89i vom 7/2.1883, ausg.22/9.1883.

Neuerungen in der Raffination und Kristallisation von Stärkezucker. Soxhlet, F. D.R.P. 17 520 Kl. 89i vom 11/10.1881, ausg.11/3.1882.

Neuerungen in der Raffination und der Darstellung von wasserfreiem Stärkezucker. Soxhlet, F. D.R.P. 17 465 Kl. 89i vom 11/10.1881, ausg.10/3.1882.

Verfahren zur Entfernung des Gypses aus mit Hülfe von Schwefelsäure erzeugten Lösungen des Stärkezuckers. Kunheim & Co. D.R.P. 15 076 Kl. 89i vom 26/1.1881, ausg.17/8.1881.

3922. Ionenaustauscher

(Vgl. auch "Hydrolyselösungen, Ionenaustauscher": 3742)

Untersuchungen über die Verwendung von Ionenaustauschern bei der Herstellung von reiner Glucose für pharmazeutische und ärztliche Zwecke. Ionescu, D.T., Atanasiade, G., Simionescu, I. und Nicolau, G. Arb.Inst.Ernährungsforsch., Bukarest 7. 137-145 (1964/65).

Erprobung von im Inland erzeugten Ionenaustauscherharzen zur Reinigung von Glucosesirupen. Ssidorowa, Je.K. Arb.zentr.wiss. Forsch.-Inst.Stärke- u. Stärkesirup-Ind.(russ.) 6. 13-25 (1963). - Ref.J.Chem.(russ.) 1963. 24 R314, Stärke 16. 100 (1964).

Die Wertung der Körnungsveränderungen der Ionenaustauscher bei der Entfärbung der Zuckerlösungen. Svoboda, A. und Příhoda, J. Listy Cukrovarnické 4. 88-92 (1962). - Ref.Stärke 14. 386 (1962).

Herstellung von kristalliner Dextrose. 4. Mitt. Eine industrielle Regenerationsmethode für organisch verunreinigte Anion-Austauscher-Harze. Higashi, S. und Kanno, T. J.Fermentat.Technol. (Japan) 40. 56-63 (1962). - Ref.C.A. 62. 721c (1965), Ref.J. Chem.(russ.) 1963. 5 R293

Eine Methode zur Kontrolle des pH von Sirup beim Prozeß der Reinigung von Stärkehydrolysat mit Hilfe von Ionenaustauscherharz. Yasunaga, D. Japan.P. 10 835 ('63) vom 28/6.1961., ausg.1/7. 1963. - Ref.J.Chem.(russ.) 1965. 19 R299.

Die Reinigung von Glucoselösungen von Chloriden unter Verwendung von Ionitmembranen. Schtscheglowa, M.I. und Kobljansskii, A.G. Hochschulnachr.,Nahrungsmittel-Technol.(russ.) 1961. Nr.6. 49-54. - Ref.J.Chem.(russ.) 1962. 11 N296.

Ionenaustauscher-Reinigung von durch Stärkehydrolysate erhaltenen Glucoselösungen. Dima, M., Cotrut, G.V., Carpov, A., Meta, E., Petrariu, I. und Mavrodin, M. Studii Cercetări stiint.(Études Rech.sci.) 12. 101-35 (1961). - Ref.C.A. 56. 10433e (1962), Ref.J.Chem.(russ.) 1963. 14 R262, C. 1964. 42-2672.

Neuere Erkenntnisse bei der Anwendung von Ionenaustauschern in der Glukose-Industrie. de Jong, G.J. Stärke 8. 164-68 (1956).

Anwendung eines schwachsauren Kationenaustauschers in der Glukose-industrie. Chabot, J.D. Stärke 6. 153-55 (1954). - Ref.C. 1955. 4473.

Möglichkeiten der Anwendung von Ionenaustauschern in der Stärke-industrie zur Glucoseherstellung. Nossberger, V. Listy Cukrovarnicke 67. 125-28 (1951). - Ref.C. 1954. 4508.

Ionenaustauscher für Glukose. Ramondt, D. Stärke 3. 194-196 (1951).

Glucosefabrikation mit Ionenaustauschern. Getreide, Mehl, Brot 5. 45 (1951). - Ref.C. 1951. II. 758.

Glucosefabrikation mit Ionenaustauschern. Rüggeberg, H. Stärke 3. 34-38 (1951). - Ref.C. 1951. II. 149.

Kunstharzaustauscher in der Glukosefabrik. Hönsch, W., Tamworth, N.S.W. Stärke 1. 87-89 (1949).

Ein dreistufiges Gegenstrom-Ionenaustauscher-System. Newkirk, T.H. und Handelman, M. Ind.Engng.Chem. 41. 452-57 (1949). - Ref. Stärke 1. 131 (1949).

Ionenaustausch-Klärung von Dextroselösungen. Handelman, M. und Rogge, R.H. Chemical Engng.Progress 44. 583-587 (1948). - Ref. Stärke 3. 268 (1951).

393. Kristallisation und kristallisierte Dextrose

(Vgl. auch "Doppelverbindung Glucose-NaCl": 394)

Kristallisation von Saccharose. Zagrodzki, S. und Niedzielski, Z. Przemysł spożywczy 19. 27-33 (1965). - Ref.C.A. 63. 779a (1965).

Der Einfluß eines magnetischen Feldes auf die Kristallisation von Hydratglucose. Sharowa, Je.Ja. Arb.Allunions wiss.Forsch.-Inst. Stärkeprodukte (russ.) 7. 60-74 (1964). - Ref.J.Chem.(russ.) 1965. 14 R303.

Über die Kristallisation der Glucose. Kudron, J. und Simonyi, M. Szeszipar 12. 94-95, 123, 124 (1964). - Ref.J.Chem.(russ.) 1966. 2 R367.

Auskristallisieren von Dextrosehydrat. Corn Products Co. (Erfinder: Meisel, H.). E.P. 966 638 vom 20/8.1962., ausg.4/3.1965. A.Prior. 24/8.1961. - Ref.C. 1965. 44-2773.

Auskristallisieren von Dextrosehydrat. Corn Products Co. (Erfinder: Meisel, H.). D.A.S. 1 188 519 Kl. 891 vom 22/8.1962., ausg.4/3.1965. A.Prior. 24/8.1961. - Ref.C. 1965. 44-2773.

Die Herstellung von kristallisierter Glucose. Iwassawa, T. und Oja, Ss. Japan.P. 15 087 ('61) ausg.2/9.1961. - Ref.J.Chem. (russ.) 1964. 7 R423.

Übersättigungsnomogramm für Glucoselösungen. Shura, Ss.K. Zucker-Ind.(russ.) 35. Nr.6. 63 (1961). - Ref.Stärke 14. 67 (1962).

Anlage zur Herstellung von kristallisierter Glucose. Lebedew, N.W., Ljubetzkaja, M.N. und Bannikowa, A.A. UdSSR.P. 135 836 ausg. 15/2.1961. - Ref.C.A. 55. 14952b (1961), Ref.J.Chem.(russ.) 1961. 21 N253.

Kristallisierung von Zucker aus unreinen Zuckersäften. Röhm & Haas Co. (Erfinder: Assalini, G.). A.P. 3 074 819 vom 13/4. 1960., ausg.22/1.1963. - Ref.C. 1965. 39-2950.

Beziehungen zwischen der Wasserstoffbindung und den inhibierenden Eigenschaften von Nicht-Zuckern bei der Glucosekristallisation. Motoi, S. und Mizuguchi, J. J.chem.Soc.Japan, ind.Chem.Sect. 63. 1252-55 (1960). - Ref.J.Chem.(russ.) 1961. Nr. 8 N356, C.A. 56. 9516h (1962), C. 1963. 1624.

Methode zur Gewinnung von reiner, kristalliner, Feuchtigkeit enthaltender Glucose. Sugimoto, K. Japan.P. 17 396 ('63) vom 6/2. 1960., ausg.7/9.1963. - Ref.J.Chem.(russ.) 1965. 21 R331.

Die industrielle Produktion von kristalliner Glucose. Taketomi, N. Chem.Ind. (Japan) 10. 140-43 (1959). - Ref.J.Chem.(russ.) 1960. 36582.

Ein Verfahren zur Gewinnung von kristalliner Glucose von hoher Reinheit. Kabushiki Kaisha uski Sesizu, Kagaku Kenkjudse (Erfinder: Uski, S.). Japan.P. 198 ('63) vom 28/1.1959., ausg. 18/1.1963. - Ref.J.Chem.(russ.) 1965. 6 R396.

Herstellung von kristalliner Dextrose. A.E. Staley Mfg. Co. (Erfinder: Langlois, D.P. und Larsod, R.F.). F.P. 1 197 709 vom 13/12.1957., ausg.2/12.1959. A.Prior. 11/3.1957., id.mit Belg. P. 563 320. - Ref.C. 1962. 7733.

Verfahren zur Herstellung von kristalliner Glucose. Zaklady Przemyslu Ziemniaczanego "Luboń" (Otworowski, M. und Nowicki, B.). Poln.P. 40 262 Kl. 89i vom 30/1.1956, ausg.30/11.1957. - Ref.J.Chem.(russ.) 1960. Nr. 67178.

Untersuchung über die Bedingungen der Glucosekristallisation. 2. Mitt. Kamewada, M. und Moriaze, M. J.technol.Soc.Starch (Japan) 4. 49-53 (1956).

Untersuchung über die Bedingung der Kristallisation von Glucose. 1. Mitt. Kamewada, M. und Moriaze, M. J.technol.Soc.Starch (Japan) 3. 163-67 (1956).

Kristalline Glucose. 3. Mitt. Veränderung der Eigenschaften von Glucoselösung durch Erhitzen. Watanabe, H. und Hase, S. Rep.Food Res.Inst. Nr.11. 49-54 (1956). - Ref.C.A. 57. 6192h (1962).

Kristalline Glucose. 2. Mitt. Hygroskopizität von Glucose. Watanabe, H. und Utida, M. Rep.Food Res.Inst. (Japan) Nr.11. 44-48 (1956). - Ref.C.A. 57. 6192f (1962).

Kristalline Glucose. 1. Mitt. Qualität von neuen einheimischen Produkten. Watanabe, H. und Hase, S. Rep.Food Res.Inst. (Japan) Nr.11. 41-43 (1956). - Ref.C.A. 57. 6192e (1962).

Herstellungsmethoden für kristallisierte Glucose für Nahrungszwecke. Bielicki, W., Rydewski, E. und Sozánski, St. Prace Inst.Lab.Badawczych Przemlu rolnego spozywczego 5.Nr.1. 22-32 (1955). - Ref.C. 1958. 4341, C.A. 49. 16481e (1955), Stärke 8. 44 (1956).

Die Herstellung reiner kristalliner Glucose. (Vorläufiger Bericht, II.). Kamewada, M. J.technol.Soc.Starch (Japan) 2. 127-30 (1955).

Die Kristallisation beeinflussende Faktoren in der Glucose-Industrie. (Vorläufiger Bericht). Kishiwada, M. J.technol.Soc.Starch (Japan) 2. Nr.1. 21-24 (1954).

Kristalline Dextrose. J.technol.Soc.Starch (Japan) 1. Nr.2. 5-19 (1953).

Technische Herstellung kristallisierter Dextrose. Dean, G.R. und Gottfried, J.B. Advances Carbohydrate Chem. 5. 127-43 (1950). - Ref.C. 1951. II. 2396, C. 1953. 6162.

Kristallisieren von Zucker-, besonders Stärkezuckerlösungen. Refinerias de Maiz S.r.l. E.P. 676 361 vom 1/3.1949, ausg. 23/7.1952. - Ref.C. 1953. 3652.

Über die Kristallisation der wasserfreien Dextrose. Sorgato, I. und Massa, F. La Chimica e l'Industria 31. 43-46 (1949). - Ref.Stärke 4. 14 (1952), C. 1949. E. 5281.

Verfahren zur Gewinnung von kristalliner Dextrose. Corn Products Refining Co. (W.B. Newkirk). E.P. 719 224 vom 9/8.1951.

Gewinnung von kristallisierter Dextrose. Corn Products Refining Co. F.P. 1 000 426 vom 29/11.1949, ausg.12/2.1952. A.Prior. 6/8.1949. - Ref.C. 1949. 3591.

Gewinnung von kristalliner Dextrose. Corn Products Refining Co. (Erfinder: Newkirk, W.B. und Hapke, A.D.). A.P.2 606 847 vom 6/8.1949, ausg.12/8.1952. - Ref.Stärke 5. 72 (1953), C. 1953. 3163.

Herstellung von kristalliner Dextrose. Wallerstein Co., Inc. Übert.von: L. Wallerstein. Can.P. 481 431 vom 12/10.1948, ausg.26/2.1952. - Ref.C. 1952. 7751.

Herstellung von kristallisierter Dextrose. Wallerstein Co., Inc., übert.von: L. Wallerstein und I. Stone. A.P. 2 567 000 vom 27/2.1948, ausg.4/9.1951. - Ref.C. 1952. 5828.

Gewinnung von kristalliner Dextrose. Wallerstein Co., übert.von: L. Wallerstein. A.P. 2 531 999 vom 13/10.1947, ausg.28/11.1950. - Ref.C. 1951. II. 2958.

Krystallisierung von Dextrose. Corn Products Refining Co., übert. von: Harding, A.T. A.P. 2 369 231, ausg.13/2.1945. - Ref.C. 1945. II. 585, C.A. 39. 3956 (1945).

Krystallisieren von Stoffen aus Lösungen. Svenska Turbinfabriks Aktiebolaget Ljungström (Erfinder: E. Öman). Schwed.P.106 791 vom 8/7.1941, ausg.16/3.1943. - Ref.C. 1943. II. 2271.

Krystallisation von sehr reinem Dextrosehydrat. Corn Products Refining Co., übert.von: C.J. Copland). A.P. 2 219 513 vom 12/5.1939, ausg.29/10.1940. - Ref.C. 1941. I. 2189.

Gewinnung von krystallisiertem Traubenzucker. Corn Products Refining Co. F.P. 852 826 vom 7/4.1939, ausg.4/3.1940. A.P.Prior. 19/5.1938. - Ref.C. 1940. II. 1664.

Gewinnung von sehr reiner krystallisierter Glucose. Glucoseries Réunies S.A. Belg.P. 431 954 vom 2/1.1939, Auszug veröff. 9/8.1939. - Ref.C. 1940. I. 1763.

Herstellung von krystalliner Dextrose. Corn Products Refining Co. F.P. 50 991 vom 13/9.1939, ausg.19/5.1941. A.Prior.25/11.1938. Zus.zu F.P. 852 826. - Ref.C. 1941. II. 2148.

Krystallisierter Traubenzucker. International Patents Development Co., übert.von: C.J. Copland. A.P. 2 109 585 vom 14/12. 1936, ausg.1/3.1938. - Ref.C. 1938. II. 438.

Krystallisiertes Dextrosehydrat. International Patents Development Co. F.P. 837 971 vom 13/5.1938, ausg.23/2.1939. A.Prior.14/5.1937. - Ref.C. 1939. II. 251.

Gewinnung von krystallisierter Dextrose. International Patents Development Co. F.P. 838 846 vom 3/6.1938, ausg.16/3.1939. A.Prior. 4/6.1937. - Ref.C. 1939. II. 251.

Herstellung von krystallinem Dextrosehydrat hoher Reinheit aus konvertierter Stärkelösung. Corn Products Refining Co. (Erfinder: C.J. Copland). D.R.P. 702 882 Kl. 89i vom 15/5.1938, ausg. 19/2.1941. A.Prior. 14/5.1937. - Ref.C. 1941. I. 2875.

Herstellung von krystallisierter Hydratdextrose. Corn Products Refining Co. (Erfinder: Copland, C.J.). D.R.P. 714 069 Kl.89i vom 20/1.1937, ausg.20/11.1941. - Ref.C. 1942. I. 1316.

Kristallisieren von Traubenzucker aus einer unreinen Traubenzuckerlösung. Clinton Co. E.P. 497 281 vom 15/6.1937, ausg. 12/1.1939. - Ref.C. 1939. I. 2317.

Krystallisierter Traubenzucker von großer Reinheit. International Patents Development Co. F.P. 821 202 vom 28/4.1937, ausg. 30/11.1937. A.Prior. 11/3.1936. - Ref.C. 1938. I. 2968.

Krystallisierter Traubenzucker. International Patents Development Co. F.P. 816 595 vom 19/1.1937, ausg.11/8.1937. A.Prior.14/12. 1936. - Ref.C. 1937. II. 3680.

Gewinnung krystallisierter Glucose. Rall, S.F. Russ.P. 50 151 vom 7/2.1936, ausg.31/8.1936. - Ref.C. 1937. II. 304.

Gewinnung von hochgereinigter krystallisierter Dextrose. Corn Products Refining Co., übert.von: C.J. Copland. A.P.2 152 874 vom 11/5.1936, ausg.4/4.1939. - Ref.C. 1939. II. 251.

Krystallisierte Dextrose. International Patents Development Co. D.R.P. 645 602 Kl. 89i vom 6/6.1935, ausg.1/6.1937. A.Prior. 17/4.1935. - Ref.C. 1937. II. 2084.

Herstellung von krystallisiertem Traubenzucker. International Patents Development Co. E.P. 457 449 vom 24/5.1935, ausg.24/12. 1936. - Ref.C. 1937. I. 2283.

Verfahren zur Herstellung kristallinischer Dextrose. International Patents Development Co. D.R.P. 636 625 Kl. 89i vom 31/1.1935, ausg.12/10.1936.

Herstellung von krystallisiertem Traubenzucker (Dextrosehydrat). International Patents Development Co. F.P. 790 928 vom 6/6.1935, ausg.29/11.1935. A.Prior.17/4.1935. - Ref.C. 1936. I. 4223.

Verfahren zur Herstellung von kristallisierter Dextrose. International Patents Development Co. D.R.P. 640 680 Kl. 89i vom 7/3.1935, ausg.9/1.1937. Amer.Prior. 24/8.1934.

Herstellung von krystallisierter Glucose. International Patents Development Co. F.P. 787 059 vom 12/3.1935, ausg.16/9.1935. A.Prior. 24/8.1934. - Ref.C. 1936. I. 3589.

Herstellung von krystallisierter Glucose. International Patents Development Co. F.P. 785 057 vom 2/2.1935, ausg.1/8.1935. A.Prior. 2/2.1934. - Ref.C. 1935. II. 3848.

Krystallisieren. Peniok & Ford Ltd. Inc., übert.von: J.M. Widmer. A.P. 2 091 900 vom 4/4.1932, ausg.31/8.1937. - Ref.C. 1938. I. 1240.

Herstellung von krystallisierter Glucose. Penick & Ford Ltd.Inc., übert.von: J.M. Widmer. A.P. 2 032 160 vom 4/4.1932, ausg. 25/2.1936. - Ref.C. 1936. II. 387.

Gewinnung von krystallisierter Dextrose. International Patents Development Co. (Erfinder: W.B. Newkirk u. C.J. Copland). Aust.P. 218/1931 vom 15/1.1931, ausg.4/2.1932. - Ref.C. 1932. I. 2907.

Herstellung von krystallinem, wasserfreiem Stärkezucker. International Patents Development Co., übert.von: W.B. Newkirk. A.P. 1 976 361 vom 19/7.1930, ausg.9/10.1934. - Ref.C. 1935. I. 3211.

Gewinnung von krystallisierter Glucose. International Patents Development Co., übert.von: C. Ebert). A.P. 1 936 157 vom 12/7. 1930, ausg.21/11.1933. - Ref.C. 1934. I. 2838.

Gewinnung von krystallisierter Glucose. International Patents Development Co., übert.von: C.L. Sovereign. A.P. 1 870 030 vom 13/7.1928, ausg.2/8.1932. - Ref.C. 1932. II. 3492.

Verfahren zur Gewinnung von kristallisierter Dextrose. Corn Products Refining Co. D.R.P. 534 189 Kl. 89i vom 27/8.1927, ausg. 23/9.1931. - Ref.C. 1931. II. 3055.

Herstellung von krystallisierter Dextrose. International Patents Development Co.,(übert.von: W.B. Newkirk). Can.P. 289 073 vom 30/7.1927, ausg.23/4.1929. - Ref.C. 1932. I. 2105.

Gewinnung von krystallisierter Dextrose. International Patents Development Co., übert.von: W.B. Newkirk. A.P. 1 722 761 vom 24/10.1927, ausg.30/7.1929. - Ref.C. 1929. II. 1863.

Krystallisation von reiner Dextrose. Corn Products Refining Co. F.P. 638 955 vom 4/8.1927, ausg.8/6.1928. - Ref.C. 1928. II. 1265.

Verfahren zur Herstellung von krystallinischer Dextrose. Corn Products Refining Co. D.R.P. 518 758 Kl. 89i vom 12/4.1925, ausg. 19/2.1931. - Ref.C. 1931. I. 2278.

Gewinnung von wasserfreier krystallisierter Dextrose. International Patents Development Co., übert.von: W.B. Newkirk. A.P.1 783 626 vom 17/1.1925, ausg.2/12.1930. - Ref.C. 1931. I. 1982.

Herstellung von krystallisierter Glucose. Corn Products Refining Co., übert.von: W.B. Newkirk. E.P. 232 160 vom 22/9.1924, Ausz. veröff. 4/6.1925. Prior. 11/4.1924. - Ref.C. 1925. II. 2107.

Herstellung von reiner krystallisierter Dextrose aus Stärke. International Patents Development Co., übert.von: W.B. Newkirk. A.P. 1 661 298 vom 25/4.1924, ausg.6/3.1928. - Ref.C. 1928. I. 2456.

Gewinnung reiner krystallisierter Dextrose aus unreiner Dextrose. International Patents Development Co., übert.von: W.B.Newkirk. A.P. 1 750 938 vom 6/8.1924, ausg.18/3.1930. 1 750 939 vom 17/1.1925, ausg.18/3.1930. - Ref.C. 1930. II. 1005.

Verfahren zur Herstellung von kristallinischer, wasserhaltiger Dextrose. Corn Products Refining Co. D.R.P. 499 789 Kl. 89i vom 22/7.1923, ausg.18/6.1930.

Historische Aspekte der Herstellung kristalliner, wasserfreier Dextrose von hoher Reinheit. Porst, Ch.E.G. Chem.Age 29. 213-214 (1921). - W.Ref. 130.

Darstellung kristalliner Dextrose. Porst, E.H. Sugar 23. 380-81 (1921).

Kristallisation in Bewegung. Wagner, Th. A.P. 833 145. 1906.

Verfahren zur Herstellung kristallisationsfähiger Glucoselösungen aus Kartoffeln ohne vorheriges Ausziehen des Stärkemehles. Bondonnean, F.G.A. D.R.P. 84 398 Kl. 89i vom 10/3.1894, ausg. 6/12.1895.

Verfahren zur Raffination von Stärkezucker. Hamburger, S. D.R.P. 82 575 Kl. 89i vom 31/3.1894, ausg.30/7.1895.

Kristallisationsverfahren. Norton, Th. A.P. 285 654. 1885.

Kristallisationsverfahren. Virneisel, L. A.P. 310 339. 1884.

Apparat zur Kristallisation. Granger, S. A.P. 271 235. 1883.

Kristallisationsverfahren. Robinson, W. A.P. 270 699. 1883.

Verfahren zur Darstellung von krystallisirtem Traubenzuckerhydrat. Ross, J.H. D.R.P. 29 124 Kl. 89i vom 15/8.1883, ausg.7/11.1884.

Kristallisationsverfahren. Robinson, W. A.P. 269 717. 1882.

Kristallisationsverfahren. Jebb, A. A.P. 264 037. 1882.

Kristallisationsverfahren. Behr, A. A.P. 259 794. 1882.

Kristallisationsverfahren. Behr, A. A.P. 256 622. 1882.

Neuerungen im Verfahren, Glucose oder Traubenzucker und andere ähnliche Substanzen zu granulieren oder zu zerkleinern. Cameron, J.M. u. Anderson, H. D.R.P. 24 335 Kl. 89i vom 15/12. 1882, ausg.22/9.1883.

Neuerungen an dem unter No. 17520 patentierten Verfahren zur Raffination und Krystallisation von Stärkezucker. Behr, A. D.R.P. 21 401 Kl. 89i vom 18/4.1882, ausg.6/3.1883.

Kristallisationsverfahren. Behr, A. A.P. 250 334. 1881.

Kristallisationsverfahren. Behr, A. A.P. 250 333. 1881.

394. Doppelverbindung Glucose-NaCl

Produktion von kristalliner Dextrose aus dem Doppelsalz mit Natriumchlorid und seine physiko-chemische Analyse. Tanede, K., Hidano, T. und Ito, T. J.technol.Soc.Starch 12. 1-11 (1964). - Ref.J.Chem.(russ.) 1966. 1 R333.

Doppelsalz-Verfahren verkürzt Kristallisationszeit von Glucose. Schulze, M. und Theuerkauf, H.-D. Lebensmittel-Ind. 10. 223 (1963). - Ref.C. 1964. 24-2745.

Der Einfluß physikalisch-chemischer Faktoren auf die Kristallisationsgeschwindigkeit der Doppelverbindung von Glucose und Natriumchlorid. Sharowa, Je.Ja. Arb.zentr.wiss.Forsch.-Inst. Stärke- u. Stärkesirup-Ind.(russ.) 5. 5-18 (1963). - Ref.J. Chem.(russ.) 1963. 19 R283, Stärke 16. 238 (1964).

Berechnung der Glucosebildung auf Grund eines mit NaCl gebildeten Doppelsalzes. Krawtschenko, Ss.F. Zucker-Ind.(russ.) 36. Nr.11. 69-71 (1962). - Ref.J.Chem.(russ.) 1963. 8 R263, C. 1965. 39-2942.

Über einige physikalisch-chemische Grundlagen der Bildung einer Doppelverbindung aus D-Glucose und Natriumchlorid. Tegge, G. Stärke 14. 269-73 (1962). - Ref.C. 1963. 9143, Ref.J.Chem. (russ.) 1963. 6 R289.

Zur Frage der Ausarbeitung von Verfahren zur Kristallisation der Doppelverbindung der Glucose mit Natriumchlorid der Zusammensetzung $(C_6H_{12}O_6)_2 \cdot NaCl \cdot H_2O$. Glaskowa, E.L. und Lebedew,N.W. Gesammelte Arb.staatl.wiss.Forsch.-Inst. Hydrolysen- u.Sulfit-Spiritus-Ind.(russ.) 9. 124-37 (1961).

Untersuchung der Kristallisationsgeschwindigkeit der Doppelverbindung der Glucose mit Natriumchlorid in Gegenwart von überschüssigem Natriumchlorid in Abhängigkeit vom Übersättigungsgrad und der Überschußkonzentration. Glaskowa, E.L. und Lebedew, N.W. Gesammelte Arb.staatl.wiss.Forsch.-Inst. Hydrolysen-u.Sulfit-Spiritus-Ind.(russ.) 9. 110-23 (1961).

Untersuchung der Geschwindigkeit der Kristallbildung der Doppelverbindung der Glucose mit Natriumchlorid der Zusammensetzung $(C_6H_{12}O_6)_2 \cdot NaCl \cdot H_2O$ in Abhängigkeit von der Überschußkonzentration. Glaskowa, E.L. und Lebedew, N.W. Gesammelte Arb. staatl.wiss.Forsch.-Inst. Hydrolysen- u.Sulfit-Spiritus-Ind. (russ.) 9. 102-09 (1961).

Untersuchung der Kristallisationsgeschwindigkeit der Doppelverbindung der Glucose mit Natriumchlorid der Zusammensetzung $(C_6H_{12}O_6)_2 \cdot NaCl \cdot H_2O$ in Abhängigkeit vom Übersättigungsgrad bei verschiedenen Temperaturen. Glaskowa, E.L. und Lebedew, N.W. Gesammelte Arb.staatl.wiss.Forsch.-Inst. Hydrolysen- u.Sulfit-Spiritus-Ind.(russ.) 9. 90-101 (1961).

Die Löslichkeit der Doppelverbindung der Glucose mit Natriumchlorid der Zusammensetzung $(C_6H_{12}O_6)_2 \cdot NaCl \cdot H_2O$ in Wasser bei verschiedenen Temperaturen. Lebedew, N.W. und Bannikowa, A.A. Gesammelte Arb.staatl.wiss.Forsch.-Inst. Hydrolysen- u.Sulfit-Spiritus-Ind.(russ.) 9. 81-89 (1961).

Untersuchung des Gleichgewichtszustandes des Systems Glucose-Natriumchlorid-Wasser in Gegenwart von Mannose und Xylose. Lebedew, N.W., Ljubin, B.O. und Bannikowa, A.A. Gesammelte Arb.staatl.wiss.Forsch.-Inst. Hydrolysen- u.Sulfit-Spiritus-Ind.(russ.) 9. 70-80 (1961).

Gewinnung von Glucose über die Doppelverbindung mit NaCl. Malyshew, A.A. Stärke 13. 396-400 (1961). - Ref.C. 1962. 12494, C.A. 56. 10434b (1962), Ref.J.Chem.(russ.) 1962. 12 N 319.

Kontinuierliche Zersetzung von Natriumchlorid-Glucose-Doppelsalz. Lebedew, N.W., Ljubetzkaja, M.N. und Bannikowa, A.A. UdSSR.P. 135 835 ausg.15/2.1961. - Ref.C.A. 55. 14952h (1961).

Geometrische Charakterisierung von Kristallen der Doppelverbindung der Glucose mit Natriumchlorid der Zusammensetzung $(C_6H_{12}O_6)_2 \cdot NaCl \cdot H_2O$. Glaskowa, E.L. und Lebedew, N.W. Gesammelte Arb.staatl.wiss.Forsch.-Inst. Hydrolysen- u.Sulfit-Spiritus-Ind.(russ.) 8. 220-34 (1960).

Graphische Berechnungen der Materialbilanzen einzelner Prozesse auf der Grundlage des chemischen Diagramms des Systems Glucose-Natriumchlorid-Wasser. Lebedew, N.W. Gesammelte Arb. staatl.wiss.Forsch.-Inst. Hydrolysen- u.Sulfit-Spiritus-Ind. (russ.) 8. 202-19 (1960).

Die Entfernung von überschüssigem Natriumchlorid aus Glucose-lösungen. Lebedew, N.W., Bannikow, A.A. und Ljubezkaja, M.N. Gesammelte Arb.staatl.wiss.Forsch.-Inst. Hydrolysen- u.Sulfit-Spiritus-Ind.(russ.) 8. 185-201 (1960).

Zerlegung der Doppelverbindung der Glucose mit Natriumchlorid bei Temperaturen unterhalb + 28,5°. Lebedew, N.W., Bannikowa, A.A. und Ljubezkaja, M.N. Gesammelte Arb.staatl.wiss.Forsch.-Inst. Hydrolysen- u.Sulfit-Spiritus-Ind.(russ.) 8. 170-84 (1960).

Analyse des chemischen Diagramms des Systems Glucose-Natrium-chlorid-Wasser. Lebedew, N.W. Gesammelte Arb.staatl.wiss. Forsch.-Inst. Hydrolysen- u.Sulfit-Spiritus-Ind.(russ.) 8. 144-69 (1960).

Das chemische Diagramm des Systems Glucose-Natriumchlorid-Wasser. Lebedew, N.W. und Bannikowa, A.A. Gesammelte Arb.staatl.wiss. Forsch.-Inst. Hydrolysen- u.Sulfit-Spiritus-Ind.(russ.) 8. 126-43 (1960).

Untersuchung des Einflusses einzelner Faktoren auf die Form und die Größe von Glucosekristallen beim Prozeß der Spaltung der Doppelverbindung von Glucose mit Natriumchlorid. Ledur, T.A. Arb.zentr.wiss.Forsch.-Inst.Stärke-Sirup-Ind.(russ.) 4. 80-88 (1960). - Ref.J.Chem.(russ.) 1961. 19 N199, Stärke 14. 299 (1962).

Die Abtrennung von kristalliner Glucose aus Lösungen über ihr Doppelsalz mit Natriumchlorid. Lebedew, N.W. Samml.Probl.d. Entwickl.d.Cellulose-,Papier-, Hydrolysen- u.holzchem.Ind. (russ.) Nr.8. 204-07 (1959). - Ref.J.Chem.(russ.) 1961. Nr.4 N293.

Doppelsalzverbindung von Glucose mit Natriumchlorid. Lebedew,N.W., Ljubin, B.O. und Glaskowa, Je.L. UdSSR.P. 121 088 vom 6/6. 1959 - Ref.C.A. 54. 4012b (1960).

Verfahren zur Abtrennung kristalliner Glucose aus ihren wässerigen Lösungen. Lebedew, N.W., Ljubin, B.O. und Bannikowa, A.A. UdSSR.P. 116 651 vom 19/1.1959. - Ref.J.Chem.(russ.) 1960. Nr. 28516, Stärke 14. 333 (1962).

Untersuchung des Zersetzungsprozesses des Doppelsalzes der Glucose mit Natriumchlorid bei der Produktion von kristalliner Glucose. Ladur, T.A. Dissertation (russ.) Moskauer Technol.Inst.Lebensmittelind., Moskau 1959. - Ref.J.Chem.(russ.) 1960. 40504.

Herstellung von kristalliner Glucose. Krawtschenko, Ss. Ind.Nord-Ossetien (russ.) (Sownarchos des Nord-Ossetischen ökonom.Wirtschaftsverwaltungsbez.) 1958. Nr.1. 26-28. - Ref.C.A. 56. 1657e (1962).

Die Ausbeute an kristalliner Glucose bei der Zerlegung deren Doppelsalzverbindung mit Natriumchlorid. Lebedew, N.W., Ljubin, B.O. und Bannikowa, A.A. Hydrolysen- u. holzchem.Ind.(russ.) 11. 3-5 (1958). - Ref.Stärke 11. 88 (1959), C. 1959. 6143.

Zersetzung der Doppelverbindung von Glukose und Natriumchlorid bei der Produktion von kristalliner Glukose. Ssipjagin, A.Ss. und Ladur, T.A. UdSSR.P. 112 052 ausg.25/6.1958. - Ref.C.A. 53. 750a (1959).

Einige Erfahrungen mit der neuen Methode zur Gewinnung von Dextrose durch Doppelsalzbildung nach A.Ssipjagin. Tegge, G. und Kempf, W. Stärke 10. 103-08 (1958). - Ref.C. 1959. 6164, C.A. 54. 2793g (1960).

Gewinnung der Dextrosekristalle durch Doppelsalzbildung. Ssipjagin, A. Stärke 8. 192-94 (1956).

Über die Abscheidung von kristalliner Glucose aus ihrem Doppelsalz mit Natriumchlorid. Ausarbeitung der optimalen Bedingungen zur Gewinnung von kristalliner Glucose. Lebedew, N.W., Ljubin, B.O. und Chai, D.M. J.angew.Chem.(russ.) 23. 739 (1950). - Ref.C. 1951. 3184.

Zerlegung der Doppelverbindung der Glucose mit Natriumchlorid. Lebedew, N.W., Ljubin, B.O. und Bannikowa, A.A. J.angew.Chem. (russ.) 23 409 (1950). - Ref.C. 1951. 3183.

395. Dextrose-Mutterlauge (Hydrol)

Hydrol oder Hydrolmelasse. Olbrich, H. Int.Melassebericht 1. Nr.4. 1-4, Nr.5. 1-5 (1964). - Ref.Stärke 17. 98 (1965).

Untersuchungen der Zucker von Hydrol von säurehydrolysierter Stärke. Sato, A. und Ono, H. Rep.Ferment.Res.Inst. 1962. Nr.22. 99-107. - Ref.J.Chem.(russ.) 1964. 4 R354.

Isolierung von 3-O-a-Isomaltosyl-D-Glucose aus Hydrol. Sato, A. u. Ono, H. Chem.Ind.Week 1962. 1536-37. - Ref.C.A. 57. 13856d (1962), C. 1963. 20037.

Die Verwertung des Hydrols. 6. Mitt. Die Gewinnung von Weinsäuren durch Oxydation von Hydrol durch Salpetersäure. Kiyooka, S. J.agric.chem.Soc.Japan 35. 927-33 (1961). - Ref.J.Chem.(russ.) 1962. 14 N338.

Untersuchung der Herstellung von Glucose. 3. Mitt. Die Verhütung des Auftretens einer Färbung und die Bildung von Oximethylfurfurol bei der Konversion des zweiten Hydrol. Higassi, S. und Magara, S. J.Fermentat.Technol.(Japan) 39. 566-700 (1961). - Ref.J.Chem.(russ.) 1962. 19 N287, C.A.(M.) 59. 8959h (1963).

Untersuchung der Herstellung von Glucose. 2. Mitt. Die Reinigung von rekonvertiertem Hydrol. Higassi, S. und Magara, S. J.Fermentat.Technol.(Japan) 39. 563-66 (1961). - Ref.J.Chem. (russ.) 1962. 19 N287, C.A.(M.) 59. 8959h (1963).

Untersuchung der Herstellung von Glucose. 1. Mitt. Rekonvertierung des zweiten Hydrol. Higassi, S. und Magara, S. J.Fermentat.Technol.(Japan) 39. 558-63 (1961). - Ref.J.Chem. (russ.) 1962. 19 N287, C.A.(M.) 59. 8959h (1963).

Verwendung von Hydrol zur Alkoholherstellung. Joshi, M.C., Damle, W.R. und Pande, B.N. Indian Sugar 11. 655-57 (1961). - Ref.C.A. 57. 6445i (1962).

Die Verwertung des Hydrols. 5. Mitt. Isolierung von Sorbit und Mannit aus den Produkten der elektrolytischen Reduktion von Hydrol. Kiyooka, S. J.agrar.chem.Soc.Japan 35. 5-8 (1961). - Ref.Stärke 13. 310 (1961), Ref.J.Chem.(russ.) 1962. 1 N367.

Die Verwertung des Hydrols. 4. Mitt. Elektrolytische Reduktion des Hydrols. Kiyooka, S. J.agrar.chem.Soc. Japan 35. 1-4 (1961). - Ref.Stärke 13. 310 (1961).

Zur Frage der mikrobiellen Fettsynthese mittels der Hefe Rhodotorula gracilis. Praus, R., Protiva, J. und Dyr, J. Kvasný prumysl 5. 233-36 (1959).

Isolierung von Laminaribose aus Hydrol. Sato, A., Kazuho, W. und Aso, K. Chem.and Ind. 1958. 887. - Ref.C.A. 53. 1219la (1959), C. 1963. 4718.

Nichtchristallisierender Sirup aus Hydrol. Standard Brands Inc. (W.R. Fetzer). A.P. 2 770 562 vom 13/11.1956. - Ref.C.A. 51. 14304c (1957).

Analyse auf D-Glukose und Gentiobiose in Hydrol nach der Radioisotopen-Verdünnungsmethode. Sowden, J.C. und Spriggs, A.S. J.Amer.chem.Soc. (Japan) 76. 3539-41 (1954). - Ref.Stärke 6. 284 (1954).

Kohlenhydrat-Zusammensetzung von Hydrol. Montgomery, E.M. und Weakley, F.B. J.Assoc.off.agric.Chemists 36. 1096-1108 (1953). - Ref.C. 1950/54. 609 S.

Aufarbeitung der Mutterlaugen von der Dextrosekrystallisation. Scholten's Aardappelmeelfabrieken, N.V.W.A., übert.von: Krizkowsky, F.L.P. Holl.P. 58 049, ausg.15/8.1946. - Ref.C. 1948. I. 1059.

Disaccharide in "Hydrol". Coleman, G.H., Buchanan, M.A. u. Paul, P.T. J.Amer.chem.Soc. 57. 1119-21 (1935). - Ref.C. 1936. I.555.

Das Vorkommen von Gentiobiose in den Hydrolysenprodukten vom Getreidestärke. Berli, H. J.Amer.chem.Soc. (Japan) 48. 2627-30 (1926). - Ref.C. 1926. II. 2921.

396. Eigenschaften, Verhalten

Thermische Polymerisation von Glucose. Sugisawa, H. und Edo, H. Chem. and Ind. 1964. 892-93. - Ref.Stärke 17. 63 (1965), C. 1965. 21-1054.

Die Kontrolle der Eigenschaften der Glucose. Watanabe, T. Food Ind. (Japan) 4. Nr.6. 30-36 u.71 (1961). - Ref.J.Chem.(russ.) 1962. 13 N328.

Untersuchung der Zersetzung von Dextroselösungen während der Sterilisation. Wing, W.T. J.Pharmacy Pharmacol., Suppl. 12. 191T-96T (1960). - Ref.C. 1962. 15327.

Die metastabile Zone von vermischten Glucoselösungen. Vasatko, J. und Smelik, O. Chem.zvesti 13. 807-16 (1959). - Ref.J.Chem. (russ.) 1961. 17 N315, Stärke 17. 99 (1965).

Wärmephysikalische Parameter von Glucoselösungen. Popow, W.D. und Shura, Ss.K. Arb.Kiewer technol.Inst.Lebensmittel-Ind.(russ.) 1958. (1959) Nr.19. 15-22. - Ref.J.Chem.(russ.) 1961. 13 N448.

Einige Qualitäten und Korngröße von Handels-Glucose. Watanabe, H., Hase, S., Ozawa, Y. und Suzuki, S. Rep.Food Res.Inst.Nr. 13. 47-54 (1958). - Ref.C.A. 57. 6194a (1962).

Einige charakteristische Eigenschaften von kristalliner Dextrose. 3. Mitt. Wirkung von Stickstoff und Hydroxymethylfurfural. Intensität der Verfärbung beim Erhitzen. Tamura, T., Okubo, M. und Suzuki, S. J.technol.Soc.Starch (Japan) 6. 18-23 (1958).

Anwesenheit von D-Glucofuranose in "reiner" Glucose. Damanski, A.F. und Klein, E.A. C.R.hebd.Séances Acad.Sci. 246. 3541-42 (1958). - Ref.Stärke 11. 372 (1959).

Hygroskopizität von Stärkezucker. Watanabe, H., Ozawa, Y., Hase, S. und Suzuki, S. Food Res.Inst., Tokyo 13. 43-46 (1958). - Ref.C.A. 53. 23017g (1959).

Lösliche Stärke enthaltende Glucose. Fabbriche riunite amido glucosio destrina Societá per Azioni. It.P. 559 804 vom 26/3. 1957. - Ref.C.A. 54. 2794h (1960).

Der Einfluß von Säure und Wärme auf Dextrose und Polymere der Dextrose. Fetzer, W.R., Crosby, E.K., Engel, C.E. u. Kirst, L.C. Ind.Engng.Chem. 45. 1075-84 (1953). - Ref.C. 1954. 9176, Stärke 6. 30 (1954).

Wärmekapazität kristallisierter Dextrose zwischen 25 und 95°. Douglas, T.B., Ball, A.F. und Torgesen, J.L. J.Amer.chem.Soc. 73. 1360-61 (1951). - Ref.C. 1952. 195.

Unvergärbare Bestandteile in Stärkezucker. Yamana, T. Rep.Government.chem.ind.Res.Inst.Tokyo 46. 125-46 (1951). - Ref.C.A. 46. 23211 (1952).

Stabilität von Dextroselösungen bei verschiedenen pH-Werten. McDonald, E.J. J.Res.nat.Bur.Standards 45. 200-203 (1950). - Ref.C. 1951. II. 2044.

Der Einfluß des p_H des Mediums auf die Zersetzung von Glukoselösungen beim Erhitzen. Jewstignejew, W.B. und Nikiforowa, W.N. Ber.Akad.Wiss.UdSSR 73. 523-26 (1950).

Dielektrizitätskonstanten wässeriger Lösungen von Dextrose und Saccharose. Malmberg, C.G. u.Maryott, A.A. J.Res.nat.Bur.Standards 45. 299-303 (1950). - Ref.C. 1953. 7502.

Nicht fermentierbare Komponente von Stärkezucker. Tsuzuki, Y. und Yamana, T. Science (Japan) 18. 419-420 (1948). - Ref.Stärke 3. 266 (1951).

Die Verfärbung von Dextroselösungen. Kröner, W. und Kothe, H. Ind.Engng.Chem. 31. 248 (1939). - Ref.C. 1939. II. 543.

Die Verteilung von gelösten Stoffen in Silicagel. Redfern, S. und Patrick, W.A. J.physic.Chem.42. 497-505 (1938). - Ref.C. 1939. I. 357.

Die Zusammensetzung der Glucosen. Raux, J. Brasseur franc. 2. 159-61 (1938). - Ref.C. 1938. I. 4119.

Die Zusammensetzung von Stärkezucker. Raux, J. Vita (Brux.) 2. 183-186 (1938).

Beschleunigtes Lösen von Traubenzucker in Wasser. Corn Products Refining Co., übert.von: J.H. Buchanan. A.P. 2 151 499 vom 13/2.1937, ausg.21/3.1939. - Ref.C. 1939. II. 544.

Die Feuchtigkeitsaufnahme verschiedener Salze und der Glucose bei der Lagerung in einer Atmosphäre verschiedener Luftfeuchtigkeit. Innes, R.Faraday. J.int.Soc.Leather Trades Chemists 21. 55-64 (1937). - Ref.C. 1937. I. 3442.

Einfluß von Saccharose, Glucose und Fructose auf einige chemisch-physikalische Konstanten von Salzlösungen. Afferni, E. Ind. saccarif.ital. 30. 236-40 (1937). - Ref.C. 1937. II. 2441.

Einfluß von Stärke oder Saccharose auf die Zersetzung von Glucose in einer Lösung mit überschüssigem Calciumhydroxyd bei 80°. Suzuki, K. J.Soc.chem.Ind., Japan (Suppl.) 40. 64B (1937). - Ref.C. 1937. II. 3607.

Zersetzung von Glucose in einer Lösung mit übermäßig hohem Gehalt an Calciumhydroxyd. Suzuki, K. J.Soc.chem.Ind. Japan (Suppl.) 40. 64B. (1937). - Ref.C. 1937. II. 3607.

Die Einwirkung schwacher Alkalien auf Glucose. Nodzu, R. und Goto, R. Bull.chem.Soc. Japan 11. 381-85 (1936). - Ref.C. 1937. I. 1154.

Die chemische Zusammensetzung handelsüblicher Glukose und ihre Verdaulichkeit - eine Erwiderung. Browne, C.A. J.ind.Engng. Chem. 9. 810-814 (1917). - W.Ref. 127.

Die chemische Zusammensetzung der handelsüblichen Glukose und ihre Verdaulichkeit. Wesener, J.A. u. Teller, G.L. J.ind. Engng.Chem. 8. 1009-1020 (1916). - W.Ref. 126, C. 1918. I. 647.

Zur chemischen und technischen Kenntnis des Traubenzuckers (Kartoffelzuckers). Anthon, E.F. Dinglers polytechn. J. 151. 213-223 (1859). - W.Ref. 31.

397. Untersuchung, Bestimmung

Bestimmung der Dichte wäßriger Glucoselösungen. Schliephake, D. Stärke 17. 44-57 (1965). - Ref.J.Chem.(russ.) 1966. 1 R332.

Komplexometrische Bestimmung der Glucose. Cheu, D.Ch. und Mai, Ch.N. Apteonoe Delo 13. 82-84 (1964). - Ref.C. 1966. 3-1649.

Quantitative Bestimmung von Glucose und Maltose in Enzymreaktionsmischungen. Kainuma, K. J.technol.Soc.Starch 12. 33-35 (1964).

Die Untersuchung von Weißzucker als Beispiel einer Qualitätskontrolle. Emmerich, A. Stärke 15. 387-93 (1963).

Einfluß verschiedener Faktoren beim Bonbon-Test. Scallet, B.L. Stärke 15. 128-30 (1963).

Zucker-Analyse. 1. Mitt. Papierchromatographische Bestimmung von Oligosacchariden in Handels-Glucose. Tamura, T. und Suzuki, S. Rep.Food Res.Inst. Nr. 13. 55-58 (1958). - Ref.C.A. 57. 6193a (1957), C. 1963. 1107.

Physikochemische Untersuchungen an Glucose. 2.Mitt. Watanabe, A., Okuto, H., Yasumatsu, K. und Terasaki, M. Res.Lab. 17. 23-30 (1958). - Ref.C. 1964. 2-0746.

Über die enzymatische Charakterisierung der Glucose. Charonnat, R. und Miocque, M. Ann.pharmac.franç. 15. 593-98 (1957). - Ref.C. 1961. 3696.

Analyse von Stärkezucker. Vollaire-Salva, J. Mitt.Lebensmitteluntens.Hyg. 46. 58-66 (1955). - Ref.C. 1957. 12913.

Die technische Glucose und die Bestimmung ihrer Bestandteile. Terrier, J. Mitt.Gebiete Lebensmittelunters.Hyg.(Bern) 43. 315-22 (1952). - Ref.C. 1954. 9875.

Quantitative Analyse von Zuckergemischen durch die Methode der Verteilungschromatographie. 5. Mitt. Verbesserte Methoden zur Trennung und Auffindung von Zuckern und deren methylierten Derivaten auf dem Papierchromatogramm. Hough, L., Jones, J.K.N. und Wadman, W.H. J.chem.Soc. (London) 1950. 1702-06. - Ref.C. 1951. 2634.

Über die polarimetrische Bestimmung mehrerer Zuckerarten nebeneinander im Süßwarenlaboratorium. Fincke, H. Zucker- u.Süßwaren-Wirtsch. 3. Nr.9. 3-7 (1950). - Ref.C. 1951. I. 405.

Eine neue volumetrische Methode zur Glucosebestimmung. Niculescu, M. und Caplescu, N. Z.analyt.Chem. 125. 416-423 (1943).

Feuchtigkeitsbestimmung in Zuckererzeugnissen: Kristallzucker "70" oder "80". Cleland, J.E. und Fetzer, W.R. Ind.Engng.Chem., analyt.Edit. 14. 124-29 (1942). - Ref.C. 1946. II. 4121.

Die Bestimmung von Fructose, Glucose, Saccharose und Maltose in Gemischen miteinander. (Ein neues Analysenschema). Schapiro, E. Z.Wirtschaftsgr.Zuckerind. 86. 6-7 (1936). - Ref.C. 1936. I.4371.

Die Lactose- und Glucosebestimmung in Milch. Jones, T.St.G. J.Dairy Sci. 7. 41-46 (1936). - Ref.C. 1936. I. 3934.

Bestimmung von Glucose, Galaktose und Lactose im Gemisch der drei Zucker. Scott, M. und West, E.S. Proc.Soc.exp.Biol.Med. 34. 52-54 (1936). - Ref.C. 1936. I. 2737.

Cerimetrische Mikrobestimmung der Glucose in 0,1 ccm Blut. Vanossi, R. und Ferramola, R. An.Soc.cient.argent. 121. 59-73 (1936). - Ref.C. 1936. II. 2185.

Quantitative alkalimetrische Bestimmung der Glykolyse. Taran, J.N. Chem.J.Ser.B.J.angew.Chem.russ.: Chimitscheski Shurnal Ser.B. Shurnal Prikladnoi Chimii 8. 562-76 (1935). - Ref.C. 1936. I. 1926.

Untersuchungen über Hydrazine. VI. Die Identifizierung von Zuckern mit Hilfe der drei isomeren Tolylhydrazine. Sah, P.P.T. und Tseu Chia-Zen. Sci.Rep.Nat.Tsing.Hua.Univ. 3. 409-16 (1936). - Ref.C. 1936. II. 2137.

Eine colorimetrische Methode zur quantitativen Bestimmung von Glucose und Fructose als Glucosazon. Butkewitsch, V.S. und Gajevskaja, M.S. C.R.(Doklady) Acad.Sci.UdSSR (N.S.) 1935. III. 313-16. - Ref.C. 1936. I. 3550.

Cerimetrische Mikrobestimmung der Glucose. Vanossi, R. und Ferramola, R. An.Asoc.quim.argent. 23. 162-80 (1935). - Ref.C. 1936. II. 2185.

Über einige einfache Arzneimittelprüfungen. Rosenthaler, L. Sci.pharmaceutica 6. 109-10 (1935). - Ref.C. 1936. I. 807.

Die Kupferalkalicarbonatlösung bei der Bestimmung von reduzierendem Zucker. II. Eine Abänderung der Pelletschen Lösung. Chang, Chang Y. und Schuette, H.A. Trans.Wisconsin Acad.Sci., Arts Letters 29. 381-88 (1935). - Ref.C. 1936. II. 144.

Analytische Verwendung von Nessler's Reagens. Nachweis von Aldehyden. Goswami, M., H.N.Das-Gupta und K.L.Ray. J.Indian chem. Soc. 12. 714-18 (1935). - Ref.C. 1936. I. 4189.

Bestimmung der Glucose mit der Methode von Folin und Wu unter Verwendung des Pulfrichphotometers. Guerrero, I.T. An.Farmac. Bioquim. 6. 37-40 (1935). - Ref.C. 1936. II. 2185.

Die Bestimmung von Glucose neben Disacchariden mit Barfoeds Reagens. Fellenberg, Th.von. Mitt.Gebiete Lebensmittelunters. Hyg.(Bern) 26. 192-95 (1935). - Ref.C. 1936. I. 455.

Beitrag zur Ermittlung des Wassergehaltes im Stärkezucker. Schneider, G. Z.Spiritusind. 34. 606 (1911).

Über die Beurteilung des Stärkezuckers durch die chemische Analyse. Z.Spiritusind. 15. 79-80 (1892). - W.Ref. 243.

398. Sonstiges

Herstellung eines festen Glucoseproduktes. Duintjer Wilkens Meihuizen & Co. N.V. (Erfinder: Noord, K.G. de, Woldering, E. und Hiddema, K.). D.A.S. 1 188 520 Kl. 89i vom 13/12.1962., ausg. 4/3.1965. Holl.Prior. 18/12.1961. - Ref.C. 1965. 44-2772.

Die Veränderung der Eigenschaften von Zuckergemischen (Saccharose-Dextrose) bei Lagerung. Watanabe, H., Hase, S., Ozawa, Y., Arai, K., Nemoto, Y. und Suzuki, S. Rep.Food Res.Inst.(Tokyo) 1961. Nr.15. 7-12. - Ref.J.Chem.(russ.) 1962. 3 N312.

Nichtkristallisierende Dextrose-Lösung. Corn Products Co. (Erfinder: Snyder, E.C. und Wolfer, J.E. jr.). A.P. 3 066 049 vom 8/6.1960., ausg.27/11.1962. - Ref.J.Chem.(russ.) 1964. 15 R352, C. 1965. 35-2908.

Verfahren zur Vermahlung von Glucose. Hayakawa, I. Japan P.13 043 ('63) vom 19/12.1960., ausg.23/7.1963. - Ref.J.Chem.(russ.) 1965. 22 R 337.

Trennung von Dextrose und Lävulose. Central Aguirre Sugar Co. A.P. 3 044 904 vom 15/2.1960., ausg.17/7.1962. - Ref.C. 1965. 7/8-2902.

Die Hydrierung der Glucose nach einer kontinuierlichen Methode. Nawojski, A. Chem.stosow. 4. 453-77 (1960). - Ref.J.Chem. (russ.) 1961. 18 N317.

Agglomeration von Dextrose. Corn Products Co., übert.von: Bond, R.W. und Snyder. A.P. 2 954 306 ausg.27/9.1960. - Ref.C.A. 55. 3098d (1961), Ref.J.Chem.(russ.) 1961. 20 N234, C. 1962. 1441, Stärke 14. 383 (1962).

Neue kristalline Zuckerprodukte. Corn Products Co. (Erfinder: Wadsworth, D.V., Rosenberg, N., Ferry, D. und Marino, S.P.). A.P. 3 083 914 vom 30/6.1959., ausg.16/4.1963. - Ref.J.Chem. (russ.) 1965. 4 R332.

Verfahren zur Konzentrierung von Zuckerlösungen. Inventa AG. für Forschung und Patentverwertung. D.A.S. 1 049 799 Kl. 891 vom 2/7.1958, veröff. 29/1.1959. - Ref.Stärke 11. 282 (1959).

Über die Qualität von Weißzucker mit Roh-Glucose-Zusatz. 2.Mitt. Die Fluktuation von Mikroorganismen im Zucker. Watanabe, H., Yoshikawa, S., Hase, S. und Ohta, T. J.technol.Soc.Starch (Japan) 4. 124-31 (1957).

Herstellung eines Dextroseproduktes. Corn Products Refining Co. (Erfinder: Wilson, A.L. und Frankel, I.). D.A.S. 1 037 980 Kl. 891 vom 13/10.1956, veröff. 28/8.1958. A.Prior. 9/8.1956. - Ref.C. 1959. 6655.

Über die Qualität von Weißzucker mit Roh-Glucose-Zusatz. 1. Mitt. Hygroskopizität. Watanabe, H., Hase, S. und Ozawa, Y. J.technol.Soc.Starch (Japan) 4. 82-87 (1956).

Über Triose-Reduktion und seine Darstellung aus Dextrose. Graefe, G. Stärke 8. 53-59 (1956). - Ref.C. 1957. 2743.

Herstellung einer in Wasser löslichen Dextrosekomposition. Corn Products Refining Co. (Erfinder: Wilson, A.L. und Frankel, I.). F.P. 1 161 210 vom 15/10.1956., ausg.25/8.1958. A.Prior.9/8. 1956., id.mit A.P. 2 854 359. - Ref.C. 1962. 7733.

Herstellung von freifließendem, nicht hygroskopischem Zucker. Fries & Fries, Inc., übert.von: Shookhoff, M.W. A.P.2 818 356 vom 5/1.1956, ausg.31/12.1957. - Ref.C. 1959. 5977, C.A. 52. 6824b (1958).

Stabilisiertes Dextrosepräparat. Corn Products Refining Co. E.P. 843 787 vom 3/10.1956, ausg.10/8.1960. A.Prior.9/8.1956. - Ref.C. 1961. 13748.

Stärkeumwandlung. Blattmann, H.R., Blattmann, A.H. und Tesdorpf, M.H. E.P. 633 003 ausg.5/12.1949. - Ref.Stärke 3. 84 (1951).

Herstellung nicht kristallisierender Dextroselösungen. Union Starch & Refining Co., übert.von: J.E.Cleland. A.P.2 610 930 vom 27/4.1946, ausg.16/9.1952. - Ref.C. 1953. 5752.

Mahlen traubenzuckerhaltiger Kohlenhydrate. Jans, P. (Erfinder: Jans, E.). D.R.P. 767 045 Kl. 891 vom 14/8.1940, ausg.26/7. 1951. - Ref.C. 1952. 457.

Leicht wasserlösliche Preßlinge aus Glucose. Deutsche Maizena-Werke AG. Belg.P. 415 892 vom 5/6.1936, Auszug veröff.4/11. 1936. - Ref.C. 1937. II. 484.

Gewinnung von Maltose-Dextrose aus Stärkezuckersirup. Hartog, L.N. A.P. 2 155 374 vom 2/6.1938, ausg.18/4.1939. - Ref.C. 1939. II. 2855.

In Wasser leicht zerfallende Preßstücke aus Traubenzucker. Deutsche Maizena-Werke AG. F.P. 816 150 vom 26/4.1937, ausg. 30/7.1937. - Ref.C. 1937. II. 3680.

Herstellung von bei der Benetzung mit Wasser leicht zerfallenden Preßkörpern aus Glucose. Deutsche Maizena Ges.mbH. D.R.P. 654 898 Kl. 30h vom 27/5.1933, ausg.21/4.1938. - Ref.C. 1938. II. 2302.

Gießen von Stärkezucker. Stärke-Zuckerfabrik AG., vormals Koehlmann u. Co. D.R.P. 650 216 Kl. 89i vom 16/11.1932, ausg.14/9. 1937. - Ref.C. 1937. II. 3972.

Trocknen von Dextrose. Corn Products Refining Co. D.R.P.497 069 Kl. 82a vom 8/4.1925, ausg.2/5.1930. A.Prior.18/4.1924. - Ref.C. 1930. II. 155.

Herstellung eines Gemisches von Dextrose und Dextrin.Wagner, Theodore B. Brooklyn. A.P. 1 784 402 vom 30/7.1923, ausg.9/12. 1930. - Ref.C. 1931. I. 1982.

Entwässern von Flüssigkeiten, insbesondere Zuckerlösungen. Industrial Waste Products Corp., übert.von: W.H. Dickerson. A.P. 1 670 101 vom 3/11.1922, ausg.15/5.1928. - Ref.C. 1928. II. 402.

Über eine Methode der Kontrolle für die Überführung von Stärke in Maltose. Coombs, F.E. Chem.metallurg.Engng. 21. 298-299 (1919). - Ref.C. 1920. II. 194.

Konverterkonstruktion. Lillie, S. A.P. 1 023 257 vom 8/1.1912, ausg.10/4.1912.

Konverterkonstruktion. Lillie, S. A.P. 1 014 237 vom 29/8.1911, ausg.9/1.1912.

Konverterkonstruktion. Sovereigne, C.L. und Lenders, A.W.H. A.P. 948 485 vom 23/1.1909, ausg.8/2.1910.

Konverterkonstruktion. Bauer, L. A.P. 576 998. 1897.

Konverterkonstruktion. Pope, C. A.P. 570 183. 1896.

Konverterkonstruktion. Bondonneau, V. A.P. 457 104. 1891.

Stärkezuckergewinnung ohne Stärkeabscheidung aus dem Rohmaterial. Bartol, H. A.P. 276 334. 1885.

Verfahren zur Herstellung von Kartoffelpreßlingen zur Dextrosefabrikation. Virneisel, L., Virneisel, F., Trobach, K. und Cords, A. D.R.P. 34 211 Kl. 89i vom 27/7.1884, ausg.7/1.1886.

Gemisch von Stärkezucker und Rübenzucker. Gandolfo, J. A.P. 296 326. 1884.

Konverterkonstruktion. Stiker, F. A.P. 270 260. 1883.

Konverterkonstruktion. Roalh, Mc.Kee. A.P. 259 050. 1882.

Gemisch von Rohr- und Stärkezucker. Jebb, A. A.P. 264 036. 1882.

Hauptgruppe 3: Technologie veränderter Stärken und Stärkeabbauprodukte

Schlagwortverzeichnis

(Die Ziffern entsprechen der Klassifikationseinteilung)

MIX
Papier | Fördert gute Waldnutzung
FSC® C083411

Zeitfracht Medien GmbH
Ferdinand-Jühlke-Straße 7
99095 Erfurt, Deutschland
produktsicherheit@kolibri360.de